きんぎょ飼育図鑑

杉野裕志 著

エムピージェー

H.S

目次

はじめに

前書『かわいい金魚』（２０１２年もちろん弊社刊）は拙金魚人生渾身の書……のつもりだったのですが、販売が終了して新しい本にするとのこと。ここ数年の金魚界は潮流が変わりつつあり、新しい模様や新種が続々出現しています。一方在来品種も、若手の作り手が増えて立派な魚ができています。そのため内容を一新しようというわけです。

金魚の飼育例や愛好家のページは、実績あるアクアライフ編集部の取材によるものです。

また判型は手に取りやすいA５サイズに変更になりました。

やはり何といってもメインは、写真の総入れ替えにあります。月刊アクアライフが誇るカメラマンの写真から、さらに無理を言いまくって選ばせていただきました。１枚ずつに加えたコメントも、品種の補足説明や細かい情報を盛り込んでいます。筆者としては今回最も力を入れたところです。

生体を飼うも良し、観るだけも佳し、アート作品のモチーフにするもまた善し。無限の金魚の世界で遊んでくだされば本望です。

筆者

金魚の基礎講座

各部の名称

金魚の体の呼び方は、基本的には他の魚と同じですが、金魚独特の特徴を表すものも存在します。たとえば、オランダ獅子頭やらんちゅうの盛り上がった頭部を肉瘤と呼んだり、花房の肥大した房は鼻孔摺と呼ばれます

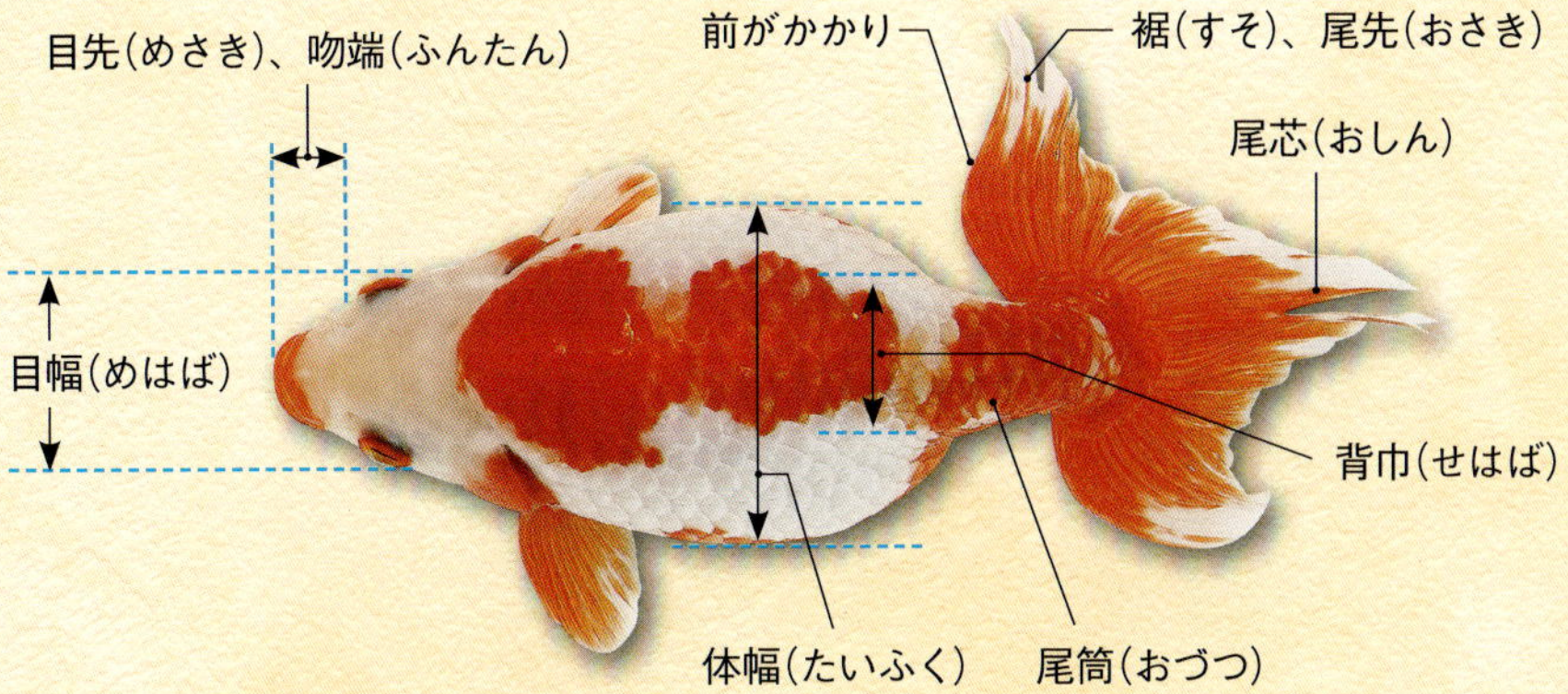

代表的な体型

金魚の品種は実に様々ですが、体型的には３～４のグループに分けることができます。本書では、琉金とオランダ獅子頭型、らんちゅう型、和金型の３つに分けて解説しています。また、体型ごとに飼い分けると飼育しやすいので参考にしてください

オランダ獅子《しし》頭《がしら》型

琉金よりやや長めの体型。獅子頭が出るもの。本書では琉金型とあわせて紹介

代表　オランダ獅子頭、丹頂など

琉金《りゅうきん》型

和金よりも短く丸い体型が特徴。尾ビレが長いものはとても優雅

代表　琉金、出目金など

和金《わきん》型

体が長く、泳ぎが活発。金魚の原種であるフナの仲間に最も近い体型

代表　和金、コメットなど

らんちゅう型

背ビレがないことがいちばんの特徴。尾の長いものは秋錦型ともいうが、本書ではらんちゅう型として紹介した

代表　らんちゅう、江戸錦、ナンキン、水泡眼など

色のパターン

金魚の体色は、赤やだいだい色、紅白の更紗などの他にも、黒や茶色の単色、複数の色を持つキャリコなど、実に様々です

更紗《さらさ》

赤と白がマダラになった模様のこと。この色の入り方によってもさまざまな呼称があり、たとえば地金の更紗は六鱗（ろくりん）模様と呼ぶ

素赤《すあか》

尾ビレ以外の頭部、体部が赤一色になるもの。尾先まで赤いものは特に「猩猩（しょうじょう）」と呼ばれる

青（青文）

黄色、赤色の色素が欠損したもの。若魚を淡色の容器に入れると青さがひきたつ

茶

黒色の色素が減弱したもの。中国では紫と呼ぶ

その他

金、黒、白など様々な体色がある

アルビノ

色素が抜けて、目が赤く見える魚。一口にアルビノと言っても、様々な色みがある

尾ビレのパターン

金魚の尾ビレにはいくつかタイプがあり、その品種を特徴付ける重要な要素となっています。大まかにはフナ尾と開き尾に分けられます

フナ尾型（1枚の尾ビレ）

ハート尾

横から見てハート型をした尾

代表 ブリストル朱文金

フキナガシ尾（フナ尾の長尾）

フナ尾がより長く伸張したもの

代表 コメット、朱文金

フナ尾

原種のフナの仲間に近い

代表 和金、ちょうちんパール

開き尾型

三つ尾

四つ尾に似ているが、尾芯が閉じている。少しだけ先端が割れているものは桜尾と呼ぶ

代表 三つ尾の和金

四つ尾の長尾

ひとくちに四つ尾といっても、長さで印象が大きく異なる

代表 琉金、オランダ

四つ尾

上から見て尾ビレの中心が割れている

代表 ランチュウ

孔雀《くじゃく》尾《お》

4つ尾がさらに開いて、後ろから見るとXの形になっている

代表 地金

平付《ひらつけ》尾《お》

尾ビレが体軸と水平を保っている（横にピンと張り出している）

代表 オオサカランチュウ

蝶尾《ちょうび》、ブロードテール

くびれ(矢印)が浅く、上から見て、蝶が羽を広げたような形になる

代表 蝶尾

鱗のパターン

金魚の体表を覆う鱗にも変異が多く、色彩との関係で独特な表現となるものもあります

普通鱗

モザイク透明鱗

透明鱗に普通の鱗（銀鱗）が混じっている。これの更紗が桜、三色がキャリコとなる

パール鱗

鱗のひとつひとつが真珠を貼り付けたように隆起している

透明鱗

虹色細胞という光を反射する色素が欠失したもので、鱗が透明でエラ蓋が透ける。浅葱色は鱗の下の黒が透けてブルーに見えているもの

網透明鱗《あみとうめいりん》

虹色細胞が不完全に欠損しており、背中の微妙な輝き、鮮明な色、黒目がちの眼などが特徴。紅葉と呼ばれる体色がこれ

平付反転尾

平付け尾の両端が反り返っている尾ビレ

代表 土佐錦

琉金　色が褪（さ）めにくい腹模様（腹側から紅が上がっている）の東京琉金の理想型です
2013年　第31回　日本観賞魚フェア　農林水産大臣賞

琉金

リュウキン

英　名	Ryukin or Swallow tail
中国名	文魚、日本琉金
体　型	琉金型（開き尾、短胴、長尾）
体色・鱗	普通鱗、赤、白、更紗

琉の字は本種が琉球経由で伝わったことを示しています。かつては尾長、長崎と呼んでいたこともあるようです。長崎からも入ってきたのでしょう。原産はもちろん中国で、琉球や長崎が金魚の産地であった形跡はなく、舶来ものの箔付けに名を使ったと考えられます。

本家中国ではシンプルすぎるためか、さほど積極的に維持されておらず、日本の琉金を逆輸入して生産が始まっています。

愛らしい姿は日本金魚の象徴で、水槽でも見ごたえがあります。更《さら》紗《さ》（紅白）模様が特に鮮明なものが多く見られます。これはこの点にも注目して育種した先人の長年の苦労の賜物です。

体型はますます丸く改良されていますが、特に水槽での飼育では転覆と両刃の剣です。

中国金魚では短尾タイプ、尾のくびれの少ないブロードテール、さらにはメープルテールなどバリエーションが増えています。

琉金　この品評会では東京琉金の最高傑作が数多く見られます。尾が白めなのが流行？
2015年　第33回　日本観賞魚フェア　農林水産大臣賞

琉金　明け2歳、生後1年ほどの若魚ではつらつとして大変可愛らしい名魚
2017年　第35回　日本観賞魚フェア　水産庁長官賞

桜琉金　紅白モザイク透明鱗を桜といいます。桜模様の魚には尾に赤が入りにくい傾向　T.I

2015年　第48回　埼玉県観賞魚品評大会　親魚総合優勝　埼玉県農林部長賞

琉金の変わりだね

かすり琉金

青白モザイク透明鱗の品種も増えてきました。呼び名は統一されていません

ゴールデン琉金

最近のトレンド色。熱帯魚のゴールデンとは若干異なりメラニン欠損ではない

ショートテール琉金・桜

桜模様はまだ模様の審査基準がありません。
お好みのほうをどうぞ

ショートテール琉金

このように鮮明で愛らしい模様は滅多にいないので
店にいたら即ゲット！
2015 年　第 33 回　日本観賞魚フェア　熊本県知事賞

ショートテール琉金・白黒

モザイク透明鱗の白黒模様は、色抜けも少なく
お奨めですが、まだ稀少です

ショートテール琉金

短尾は長尾に比べ強壮で飼いやすい傾向。
この魚は特に立派に成長しています

ショートテール琉金・赤黒

赤黒の染め分けはなかなかきれいなものが少ないなか、この魚は黒斑がいい感じ

ショートテール琉金・白黒

キャリコ柄の体の黒や青は徐々に白化する傾向がありますが、尾の黒は残ります

ブロードテール流金・茶

ブロードテールは、ショートテールや普通の琉金よりも飼育はやや難しい

ブロードテール琉金・虎

虎（赤黒）というよりは冬眠明けの黒ソブです。夏には黒はなくなるでしょう

ブロードテール琉金・白黒

ダルメシアンみたい！　親まで尾と体のバランスを維持するのは高難度

ブロードテール流金・タイガー

赤黒は虎模様と呼びますが、このような縞模様になるものは稀で面白い

T.I

ブロードテール琉金・メノウ

腹部は茶色の色が抜けており、このような模様をメノウと呼びレア色です

ブロードテール琉金・三色

むしろ五色という方が通りそうです。輸入金魚の名前には要注意

ベールテール琉金

ブロードテールの中に出現する本品種は、さらに動きが緩慢で取り扱い注意です

キャリコ　頭に赤、尾に黒蛇の目、背中に浅葱の配色は本種のお手本通りの魚です
2014年　第21回　金魚日本一大会　キャリコの部優勝

キャリコ

キャリコ

英　名	Calico
中国名	五花文魚
体　型	琉金型
体色・鱗	モザイク透明鱗（雑色斑）

実は明治時代、金魚は日本の重要な輸出産業だったのです。アメリカ人にもっといろんな色の琉金はないものか、と言われて作ったのがキャリコ琉金です。作出当初の絵を見ると浅葱《あさぎ》色はまだあまり入っていなかったようです。

キャリコcalicoとは当時世界中に流行していたインド更紗、またはジャワ更紗のことです。つまり更紗とcalicoはもともとは同じ意味なのです。

ジャワ更紗の歴史を見てみると当初は2色の染め分け模様であったのが次第に金銀糸が入り、だんだんと多色になっていったのがわかります。

更紗は江戸時代の日本人、calicoは明治時代のアメリカ人の見たジャワ更紗のイメージだったというわけです。

ショートテール キャリコ

体の黒は脱色しやすいのですが、その変化を楽しむのもありでしょう

キャリコインペリアル琉金

商品名のインペリアルは何を指しているか不明ですが、ブロードテールでしょう

ショートテールキャリコ

立派な体型です。ショートテールは意外なことに長い尾よりも転覆しにくいのです

キャリコ

黒が少なくライトな感じの魚。キャリコ模様には無限のバラエティがあります

2013年　第31回　日本観賞魚フェア　埼玉県養殖漁業協同組合長賞

その後金魚においてはキャリコというのが黒、浅葱、赤、白、金銀鱗の入るいわゆるモザイク透明鱗の魚に使われるようになっています。単にキャリコと言った時はオリジナルであるキャリコ琉金のことを指しています。

キャリコ出目金　本品種はキャリコ模様の元祖です。この魚の眼は一目見たら忘れないインパクトあり

出目金

デメキン

英　名	Telescope
中国名	龍睛魚
体　型	琉金型、出目
体色・鱗	各色

一般種として古くから人気がある出目金は近年他品種に押され、優良品が少なくなってきています。黒出目金が有名ですが、キャリコタイプは他のキャリコ体色の大元となった重要な系統です。茶色や青文《せいぶん》体色のもの、桜（紅白モザイク鱗）、更紗のものも多くはないですが存在します。

突出した眼を傷めると致命傷になることも多いので、輸送や網で掬う際の取り扱いには注意を要します。視力は極端に弱く、普通眼の品種と一緒に飼うと餌にありつけなくて弱ってしまいがちです。

中国では「龍睛《りゅうせい》」すなわち竜の瞳と表現され、やや違ったイメージで捉えられているようです。日本のものは中国で言う大眼竜〜、大きい眼に改良された系統に近いものです。中国金魚は出目金から、というイメージすらあるほどで、改良の基本品種となっている感があります。

キャリコ出目金　今は稀少となったキャリコ出目金の親魚。黒出目金養殖のカギにもなっています
2016年 第49回 埼玉県観賞魚品評大会 出目金の部 優勝

黒出目金　金魚すくいでお馴染みですが、親サイズまで真黒を保つ魚はかなり稀です
2013年 第31回 日本観賞魚フェア 東京都淡水魚養殖漁業協同組合長賞

輝竜（きりゅう）
2014 年に紅葉（もみじ）竜眼の系統を固定化した埼玉の吉岡養魚場により命名されました

出目金の変わりだね

竜眼（りゅうがん）
出目で獅子頭の発達するのを竜眼と呼びます。中国名竜睛獅頭

アルビノ出目らんちゅう
アルビノ頂天眼を作出する途上の魚だそうです。完成がたいへん楽しみ

T.I

大眼（たいがん）

出目金の中でも眼の大きさは系統によって違い、これは特に眼の大きいもの

めがね金魚

眼が前を向いています。眼の方向を変える改良は、頂天眼以来のことで要注目

2015年　第48回　埼玉県観賞魚品評大会　埼玉県水産研究所長賞

柳出目金

フナ尾の和金型の出目を柳出目金といい、東京佐々木養魚場の名産です。これは短尾

2016年　第49回　埼玉県観賞魚品評大会　柳出目金の部　優勝

柳出目金

柳出目金はコアなファンがいる品種で、1970年代から作られています

2015年　第33回　日本観賞魚フェア　2歳魚の部　準優勝

土佐錦　土佐錦は退色が遅く色もシンプルなものが多いのですが、これは模様も見事
2014年　第21回 金魚日本一大会　日本観賞魚振興事業協同組合理事長賞

土佐錦

トサキン

英　名	Tosakin
中国名	日本土佐金
体　型	リュウキン型、平付三つ尾（反転尾）
体色・鱗	赤、白、更紗、（フナ色）

土佐金ではなく近年は土佐錦と書くことが多いようです。名前通り高知県の特産品種です。戦後数匹まで減少しましたが篤志家達により見事に復活し、今では全国に愛好会がいくつも存在するほどになりました。琉球経由の尾長（リュウキン）とオオサカランチュウの血が入っているというのが最近の定説です。沖縄と大阪の中間にあたる高知に昔、金魚が運ばれ、その土地の好みや風土に合わせて改良された様子が想像できて楽しいです。高知の人は鶏といい、尾長が好きなんですね。

飼い方は少し特殊な扱いが必要です。血が濃いせいか、病気にも弱く、初心者にはやや扱いにくい品種です。本種のみの飼育をおすすめします。

品評会向けには丸鉢での飼育がよいと言われています。親（2歳魚以上）になって形態が安定したら大きな場所でもよいと言われていますが、極力水深は浅く、水流も抑えて飼育します。丸鉢については１３９ページに写真を掲載していますから、ご覧ください

土佐錦

観賞魚フェアの深さ 30cm ほどの水槽でも土佐金にとってはややつらい水圧

2015年　第 33 回　日本観賞魚フェア　東京都知事賞

T.H

土佐錦

本品種はほとんどの場合、このように上から飼育、観賞するのが一般的

2015年　第 41 回　土佐錦魚保存会 全国品評大会　親魚の部　優勝

土佐錦

生まれた年の秋の姿です。当歳では尾が張りすぎない方が将来性があるようです

2014 年　第 9 回 関東土佐錦魚保存会品評大会　当歳魚・小の部　東大関

Y.K

地産地金魚

地域によって品種や形態色模様に昔からの好みがあって今でもそれは残っています。品種でいうと名古屋の六鱗と地金、島根のナンキン、高知の土佐錦、青森の津軽錦、新潟の玉サバなどが古くからその地で作られている地金魚です。これらの品種は各地の気候風土によって長い時間をかけてできあがった品種です。最近では通販でどこからでも購入できますが、やはり慣れ親しんだ地元の気候で飼うのが一番飼いやすいようで、地元での販売が多いそうです。

ピンポンパール、珍珠鱗

チンシュリン

珍珠鱗は昭和33年に輸入された原始型の文魚系の品種です。独特な鱗のためか人気はいま一つで尾は長いものも短いものもおり、普通鱗性のものもキャリコ体色のものもあります。今日ではほとんど見ることはありません。

　ピンポンパールは昭和60年代に輸入されるようになった短胴、短尾でオレン

ピンポンパール
当初はオレンジのピンポン玉そっくりでしたが、今は更紗模様。国産品も増えました

ピンポンパール　ソフトポールパール !?　中国産の魚はやや長手で大きくなりやすい？　普通鱗のパール

珍珠鱗

英　　名	Pearl Scale
中 国 名	珍珠鱗
体　　型	琉金型
体色・鱗	パール鱗、各色

ピンポンパール

英　　名	Ping-pong Pearl
中 国 名	皮球珍珠
体　　型	短胴、短尾
体色・鱗	パール鱗、キャリコ体色（オレンジ）

ジ色の強い透明鱗系の珍珠鱗です。人気急上昇したのは2000年頃になってホームセンターでピンポンパールが販売されるようになってからのことです。

小さく愛らしく安価ですが、実は飼育はそれほど簡単ではありません。

・国外の熱帯地方で生産されているものが多く温度変化に弱い

・小さくてかわいい＝幼い魚は長距離輸送で消耗している

・パール系の品種は内臓が弱い（体表から水泡の出る特有の病気もある）

・短胴系なので転覆しやすい

対策としては、消化のよい餌を少量ずつこまめに与えること、同品種のみで飼うこと、18℃以上に保温することをおすすめします。

丹頂ピンポンパール

白勝ちのピンポンは珍しいのですが、丹頂模様はさらに稀

青文ピンポン

Y.K

青文体色は珍しい。背の茶斑が金色に光ります。国内愛好家の作出魚

2015 年　第 41 回 素人金魚名人戦 『茜色の約束』監督賞

虎ピンポンパール

国産品です。右下２匹が普通鱗パール、他がキャリコパールです

キャリコピンポンパール

キャリコ模様が素晴らしい。ピンポンパールの多くは浅葱が入りにくいのです

珍珠鱗　この魚は巨大でびっくりしました。当歳時は少し長めの体でないとこうはなりません

2016年 第34回 日本観賞魚フェア 東京都淡水魚養殖漁業協同組合長賞

パールスケール

これもピンポンでしょう。原始的な系統は今日ほとんど見られません

2014年 第21回 金魚日本一大会 パールの部 優勝

出目ピンポンパール

出目のピンポンも流通しますが、こういう眼が前を向いた魚に出会ったらラッキー

浜錦

浜錦として流通していますが、高頭パールと呼びたい個体

2014年 第21回 金魚日本一大会 浜錦の部 優勝

浜錦、高頭パール

ハマニシキ、コウトウパール

英名	Crown pearl
中国名	皇冠珍珠
体型	琉金型
体色・鱗	各色・パール鱗

もともとは１９７０年代に輸入された高頭パール（高頭とは頭頂部に肉瘤がある原始型の獅子頭のこと）の中に著しく頭頂部が盛り上がるものがいて、その遺伝子を持つものが国産化され浜錦と命名されたようです。このあたりの話はいろいろと混乱が生じていますが、現在のところ両者のしっかりとした区別はもはや不可能です。

国産品の浜錦は、当初の形質である頭頂部の水泡状肉瘤（水泡眼の水泡ではありません）を持つものはむしろ稀になっています。一方輸入品の高頭パールは頭頂部が立派だったりします。金魚は人間が作るものですから、常に変化していて10年後はどうなるかもわからないのです。

中国系の金魚には、本品種のように頭頂部がボールのように発達するものがいて（中

高頭パール

輸入金魚であり販売時の名称が高頭パールとなっていますが、まさにこれが浜錦の理想像

浜錦

国産品のよくできた魚。どうです、上との違いはわからないでしょう？

浜錦

浜錦はキャリコ体色も含む品種なので、キャリコ浜錦とはいいません。ちょっと異和感はあります

2014年　第21回 金魚日本一大会　浜錦の部優勝

国名皇冠）最近の丹頂でもその方向に改良が進んでいます。しかしながらこのタイプの肉瘤は2〜3歳で発達しすぎる傾向があり、頭が重過ぎて次第に泳ぎが鈍くなるのが玉に瑕《きず》です。

蝶尾　チョウチョ型のしっぽがよくわかります。尾の詳細な規定はまだありません
2014年　第21回 金魚日本一大会　蝶尾・パンダの部　優勝

英名	Butterfly
中国名	蝶尾
体型	出目金型、蝶型尾（四つ尾）
体色・鱗	各色

蝶尾

チョウビ

出目金から発展したと思われる本品種は独自の愛好会もできつつあるほどの人気種になっています。最も特徴的な尾は先が丸く、従来の品種よりも切れ込みが浅く、あたかも蝶が羽を拡げたように見えます。尾もさることながら背ビレが大きく立派なのも見逃せません。眼は系統によっても違いますが、出目金よりやや小さめです。

元になったのは欧米のファンテールあるいは土佐錦、突然変異などが考えられますが、詳細は不明です。

飼育にあたっては優美な尾を傷つけないように弱い水流と清潔で透明に近い水が適しています。

この品種から派生した尾型も多く、いろいろな名前で呼ばれています。少し整理してみます。

琉金の尾（リボンテール）→メープルテール→蝶尾の尾→ブロードテール

の順に尾芯の切れ込みが浅くなっています。

蝶尾

紅葉（網透明鱗）の天然六鱗模様の蝶尾という、スーパーフィッシュです

2017年　第35回　日本観賞魚フェア　奈良県郡山金魚漁業協同組合長賞

蝶尾

尾のくびれの少ない（三つ尾）魚では、土佐錦のように拡がります。模様も見事

2014年　第21回 金魚日本一大会　蝶尾・パンダの部　優勝

キャリコ蝶尾

キャリコ蝶尾は色彩的にも良品が多く、尾の模様が泳ぎとともに動いて魅力的

青紅葉《もみじ》蝶尾

極めて珍しい体色なのですが、網透明鱗はもう少し横から見たいところ

黒蝶尾

黒出目金との区別は眼がやや小さいのと尾の形。19 ページの魚と見比べてください

2017年　第50回　埼玉観賞魚品評会　蝶尾の部　優勝

穂竜　青文と同じ構造なのにパール鱗となることで独特の発色になります

H.S

J.A

五花竜（変わり竜）

キャリコ柄も穂竜の場合は独特の発色になります。さらに多色化を目指して進化中

2015年 第9回 穂竜愛好会品評大会 変わり竜之部 第参位

穂竜

ホリュウ

英　名	Horyu
中国名	紫藍皇冠竜睛珍珠
体　型	高頭パール型、出目
体色・鱗	青文色（茶斑）

兵庫県赤穂市の愛好家が、中国金魚を元に30年以上かけて創り上げた品種です。公式には認定されていないのですが、その安定性、独自性から愛好会も100人に迫る勢いで、もはや立派な品種となっています。

青文体色に茶斑（作出者は秋空に金の穂と表現している）の出目高頭パールという贅沢さ、また最近では傍系としてキャリコ柄の変わり竜も作られており、こちらはさらに色のバリエーションを加えてきています。

個人が軽はずみに交配で得た新品種を命名するのは、慎重になされるべきことです。本品種のようなケースは極めて例外的で画期的なことといえるでしょう

オランダ獅子頭　豪華で華麗で上品な惚れ惚れする魚。水槽飼育で仕上げると尾が優美になります
2015年　第33回　日本観賞魚フェア　日本観賞魚振興事業協同組合代表理事会長賞

オランダ

オランダシシガシラ

英　　名	Oranda or Lion Head
中 国 名	紅獅頭、白獅頭、紅白獅頭
体　　型	オランダ型（開き尾＋長胴と短胴＋獅子頭）
体色・鱗	普通鱗、赤、白、更紗

琉金からの進化型と考えられているオランダ獅子頭は、頭の肉瘤が特徴で和金が大和、琉金の琉球金魚に対する呼称で阿蘭陀金魚といったことからこの名称になったのだと思われます。もちろんオランダで作られたものではなく、オランダ船で来たくらいの意味なのでしょう。

現在はオランダといってもタイプがいくつかに分かれていて、価値基準も同一でなくなってきています。

大別すると、

長手タイプ

古くから国内で流通していたタイプで一時はかなり愛好者も減っていましたが、近年人気が復活してきました。

丸手タイプ

体高のあるタイプは肉瘤の発達が早いので量販店でよくみかけます。極度に改良したのがバルーンオランダです。

オランダ獅子頭 やや長手の豪快な魚。オランダではこのような腹模様の色濃い魚は珍しい

2014年 第32回 日本観賞魚フェア 日本観賞魚振興事業協同組合代表理事会長賞

オランダ獅子頭

小豆更紗のはつらつとした若い魚。オランダでは比較的出現しやすい模様です

2014年 第21回 金魚日本一大会 日本一大賞・水産庁長官賞

なお、ジャンボオランダについては、本書では独立して扱いました。44ページをご覧ください。

日本オランダ

長手タイプは古い系統で日本オランダとも呼ばれます。月齢は右の魚と同じくらい

2014年　第32回　日本観賞魚フェア　東京海洋大学学長賞

オランダ獅子頭

しっかりした骨格で将来楽しみな魚。オスならヒレが伸びてきます

2016年　第34回　日本観賞魚フェア　弥富金魚漁業協同組合長賞

日本オランダ

水槽普及以前にできた品種なので上からの観賞に適しています

オランダの変わりだね

黒オランダ

輸入魚ですが、親になるまで黒を維持しているオランダは、黒出目金よりもさらにレア

2013年 第31回 日本観賞魚フェア 日本観賞魚フェア実行委員会会長賞

タイガーオランダ

モザイク透明鱗の縞々タイガータイプは、注目の新模様であり海外で改良中のようです

オランダ獅子頭

輸入オランダでは、このように頭頂部の発達する兜巾（ときん）タイプも

桜オランダ

紅白透明鱗の桜ですが、この魚は模様が細かくてまさに花吹雪の逸品

ショートテールオランダ・パンダダルメシアン

ショートテールの魚は、ボディが立派になりやすいのです。これもモザイク透明鱗

瑪瑙《めのう》オランダ

茶と青灰色（青文の色ではない）の更紗が瑪瑙ですが、濃淡の個体変異に幅あり

変わりオランダ

モザイク透明鱗系（？）で瑪瑙のような発色の非常にマニアックな色彩

グリーンオランダ

茶の網透明鱗と思われますが、輸入魚のこういう名前は誤解を招きます

パンダオランダ

いわゆる羽衣タイプのオランダ。背中側が茶色に見えるのは下地に黄色色素を持つため

トリカラーオランダ

普通鱗で三色の色を持つ金魚は珍しいのに、さらに良型で配色も芸術的

ブロードテールオランダ　オランダがさらにゴージャスな尾ビレに改良中。各色できるでしょう

肉瘤の秘密

昔は、愛好会に入って10年ほど走りこんで……ようやく盗んだものですが、そんな時代じゃなくなりました。スピーディーに説明しましょう。

肉瘤を立派にするには、以下の要素が考えられます。

素質

兄弟でも立派な瘤になるもの、なりにくいものがいます。その見極めは大事です。頭頂部に皺があるもの、目先（目と口の間）、口の横が少し膨らんでいるもの、目幅があるもの（左右の眼と眼の幅が広いもの）を稚魚のうちから選びましょう。

飼育環境

魚をゆったりとストレスなく（少なく）飼育する。砂や水草、余分な水流、低酸素、明るすぎるところ、異種の魚の存在などは金魚にとってすべてストレスになります。これらをすべて削っていった究極の飼育形態が、屋外のタタキ池あるいはプラ船での青水飼育、というわけです。

十分な給餌

肉瘤は脂肪ではなく頭皮が増殖したもの、と最近の研究では明らかになりました。。従って体内で脂肪に変わって蓄積される炭水化物よりも蛋白質メインの良質な餌を十分に与え、マッチョに育てる。また、そのためには消化吸収を促進するビタミン、ミネラルも十分必要です。

系統

系統によっても肉瘤の出方に差があります。例えばオランダ獅子頭にもいろんなタイプが存在しますが、丸手のタイプや中国産のものは肉瘤が発達しやすく、長手タイプやジャンボオランダは水槽で立派な瘤を作るのはなかなか難しい面があります。

東錦　本品種は大型になり派手なので、全品種参加の品評会では総合優勝の常連です
2013 年　第 31 回　日本観賞魚フェア　弥富金魚漁業協同組合長賞

英　名	Calico Oranda
中国名	五花獅頭
体　型	オランダ型
体色・鱗	キャリコ模様

東錦

アズマニシキ

関西でランチュウとオランダが盛んだったのに対抗し、キャリコ体色のオランダを作出し、東錦としました。かつては関東ではランチュウとの両輪で愛好されていたものです。

大型になると色彩と姿は比類なく存在感のある魚になります。いくつかのタイプに分けられるのでそれを記します。

本アズマ、関東アズマ

作出当初の面影を残すタイプで胴は長く、頭の上がりは遅いですが、浅葱色がメインで上品です。

丸手タイプ

量産型のタイプで肉瘤が立派になります。色彩は赤系が強いものが多いようです。

鈴木アズマ

当歳から目先部分（竜頭／タツガシラといいます）の発達が著しく、東錦の概念を一新した系統です。長手の体型、浅葱系の色彩のものが多いようです。作出者である埼玉の業者の名前に由来したブ

東錦

がっちりした体型の親魚でメスっぽい。青の多いメス親は貴重です

2017年　第35回　日本観賞魚フェア農林水産大臣賞

関東東錦

昭和初年に作出された元祖系統の面影のあるのが関東東錦です

2014年　関東彩鱗会 第2回品評会　一席

東錦

超短胴型をバルーンとも呼びます。この体型の魚は餌を与えすぎると転覆しやすい

東錦

鈴木東の血を強く感じる若魚です。当歳から顕著に肉瘤が出るのが特徴

2016年　第49回　埼玉県観賞魚品評大会　埼玉県農林部長賞

ランド名です。

そのほか、紗《しゃ》がかかったような黒が強く入るタイプを五色東、白っぽいタイプをシルク東と呼び、近年は従来にない価値観で魚を見るようになっています。

東錦の変わりだね

桜東錦

桜東錦は紅白モザイク透明鱗の東錦です。親になると透明感は弱くなっていきます

2016年　第49回　埼玉県観賞魚品評大会　日本観賞魚振興事業協同組合会長賞

ジャイアントキャリコオランダ

輸入魚のジャンボは侮りがたいほど大きくなります。有望な若魚

アルビノ東錦

アルビノになると黒や浅葱色は発色しにくいので桜東のように見えます

ショートテール東錦

ショートテールは、長尾やブロードテールからの分離個体と思われます

ブルータイガー

輸入金魚の逸品物ですが、青一色の透明鱗が興味深く量産化が期待されます

五色東錦 浅葱部分の黒化したものを鯉の五色になぞらえて五色～と呼び人気急上昇中

五色東錦（写真左）**と東錦**

五色は黒い部分がメッシュ状になりますが、通常は黒斑状になります

ショートテール東錦・トリカラー

トリカラー＝三色＝雑色モザイク鱗ですが、この名前でも普通鱗の場合もあるので注意

ジャンボ獅子頭 更紗はやや線が細くなりがちなので、ジャンボの更紗はさらに貴重品です
2014年 第32回 日本観賞魚フェア 長洲町養魚組合長賞

英　名	Jumbo Oranda
中国名	不明
体　型	オランダ型
体色・鱗	赤、更紗、キャリコ模様など

ジャンボ獅子頭

ジャンボシシガシラ

江戸時代、長崎に上陸したオランダ獅子頭は、水郷の地柳川でもかつて多く生産されていました。熊本県長洲町で大正年間にその系統に和金を交配し、温暖な気候と広大な池と養《よう》鯉《り》の技術を導入し大きさは最大45センチにもなるということです。

生産地は主に九州で、特に長洲町が中心です。特徴は長手のオランダと同じなのですが、元になったのが古い系統のためなのか、原始的な紡錘型の体型と頭の形も古風な独特の風貌で、そのあたりも人気の秘訣なのかもしれません。色彩的には素赤、黄金色が多かったのですが、近年東錦を交配して色彩のバリエーションも増えてきています。

輸入金魚にもジャンボとかジャイアントと呼ばれるものがあります。それらも大変巨大ですが固定度は不明で、たまたま大きくなったものを選抜したものだと思われます。外国産の「一品魚」と言われるものはどの品種でもその傾向があります。

ジャンボ東錦

東錦として見てもこの色調はかなりの高品質！　年々進化中です

Y.K

ジャンボ獅子頭

九州の品評会ではこんな色のジャンボも見られるようです

2016年　第44回　素人金魚名人戦　金魚の吉田賞

A.S

五色ジャンボ東錦

鯉のような発色と迫力で金魚愛好家たちをうならせた変わり色のジャンボです

2016年　第23回　金魚日本一大会　中西新聞社賞

ジャンボ獅子頭

錦鯉用の検寸器で大きさを測定。フナ色、素赤が型もよく、大きくなりやすい傾向

青文　ヒレのバランス、鱗の輝き、隙のない体型、鱗並びもよく見飽きない魚です

2015年　第33回　日本観賞魚フェア　日本観賞魚振興事業協同組合代表理事会長賞

青文

セイブン

英　名	Blue Oranda
中国名	藍獅頭
体　型	オランダ型
体色・鱗	藍色、非退色型

輸入当初の青文魚からくる名称です。文魚とは琉金タイプの魚型のことです。もはや50年前のような色の薄い青タイプはほとんど残っておらず、現在のものはその後輸入された色が濃く、肉瘤のよく発達するタイプがほとんどです（藍文?）。

屋外では非常に地味ですが、水槽では腹部の鱗が輝いて玄人好みの美しさです。色が抜けてくるものもあり（退色）、腹部から白くなっていきます。この過程では元の色彩部分がより濃くなりむしろ黒に近く、白黒のコントラストが楽しいものです。この状態のものを羽衣オランダといいます。

本種の色彩は黄色～赤色色素の消失したものです。

よく見ると背部に茶色の斑点があるものもいて、これは退色するとこの部分が赤（オレンジ色）になります。したがって退色途上では赤白黒の模様になります（三色オランダ）。

青文

青文の色は系統や個体差、周囲の色、体調によってもかなり変化します

羽衣《はごろも》青文

この魚は親になってから退色が始まったようで、大きな体の黒白模様は迫力あり

2014年 第21回 金魚日本一大会 弥富市長賞

T.I

羽衣青文

頭頂部の茶斑が退色して赤になりました。三色（普通鱗タイプ）ともいいます

2014年 第47回 埼玉県観賞魚品評大会 特別賞／アクアマリンふくしま館長賞

茶金　久しぶりに見た茶金の名魚です。各ヒレがしっかりと伸び活力に満ちています
2016 年　第 34 回　日本観賞魚フェア　入賞

茶金

チャキン

英　名	Chocolate Oranda
中国名	紫獅頭
体　型	オランダ型
体色・鱗	茶色、非退色型

フナ色（野生色）から黒色色素が少なくなったのが茶金です。熱帯魚でいうアルビノ（赤目）でなく、黒目のゴールデンです。屋外では少量残ったメラニンが日焼けを起こして次第に茶色になります。

系統的には昭和30年代に輸入された系統のまま累代していると思われます。茶金といえばオランダ型のものを差しますが、茶和金、茶蝶尾、茶らんちゅうなど近年では茶色の品種も増えてきました。また輸入金魚の茶金赤花房は房のみが赤で、入荷は少ないものの人気品種です。

茶からさらに黄、赤色色素が抜けたものが瑪瑙（メノウ）と呼ばれる体色です。

茶金
歳とともに徐々に色彩は濃くなっていきますが、個体差も結構あります
2016年　第 49 回　埼玉県観賞魚品評大会　茶金の部　優勝

丹頂　この10年ほどで国産丹頂もこのような帽子頭型の魚が主流になりました

英　名	Red Cap Oranda
中国名	鶴頂紅、紅頂
体　型	オランダ型
体色・鱗	丹頂模様（頭のみ赤）

丹頂

タンチョウ

もともとは紅文魚（赤琉金）からの選抜されたものですが、長年の品種改良によりかなり高率で頭頂部のみ赤い丹頂模様が固定されています。それでも稚魚の中からこの模様になるのは半分以下だということです。

最近は国産系統でも輸入魚の血を入れて、頭頂部の肉瘤の発達が著しい魚が多くなりました。色彩的には従来型系統の色調を継承していて、今の国産丹頂はお買い得だと言えます。

背ビレのないガトウコウ（鵞頭紅）は国内でもほとんど絶滅したようです。現在の優良系統から復元していただきたいところです。

丹頂

在来型の丹頂。じっくり飼い込むと味わい深いのですが、やや系統劣化か

2016年　第49回　埼玉県観賞魚品評大会　丹頂の部　優勝

ミューズ　今でいえば短尾琉金の全透明鱗のオスが、ミューズなのかもしれません

ミューズ

ミューズ

英　名	Muse
中国名	白透明鱗文魚
体　型	琉金型
体色・鱗	黄色全透明鱗

緑の金魚を創るという目的のため、著名な金魚養殖家の川原氏が行なった土佐錦と東錦の交配から１９９０年代に得られた魚です。

全透明鱗金魚の中に黄色い発色を持つものをミューズ、その後同型で色違いの魚が翠錦やイエローグリーン、彩錦と命名されました。しかし、それらは本来の目的ではなく、２０１７年に同氏の緑の金魚第１世代作出が報道された折、映っていたのは背ビレのない京錦型の魚でした。

ミューズ兄弟は任務を終えた感がありますが、全透明鱗の白（黄色）魚でも十分観賞価値はあるのだと教えてくれその後の起爆剤になったのです

翠錦（すいきん）
翠錦の緑は青モザイク鱗の上の黄色部分に現れる不安定な発色を指しているようです

金魚を見に行こう その❶

日本観賞魚フェア

主催／日本観賞魚振興事業協同組合

１９７８年から続く観賞魚のイベント。毎年春に東京都江戸川区で開催される。中で催される金魚の品評会は、単品種ではなく、たくさんの品種を対象とするため、現代金魚の見本市のよう。水草レイアウト、熱帯魚などたくさんのジャンルの展示があったが、２０１８年からはより金魚に特化したイベントとなった。

会場となるタワーホール船堀は、船堀駅を降りてすぐ　MPJ

MPJ

屋内であるため天候を気にせずに金魚を見られるイベントは貴重だ

2018 年の大会で水産庁長官賞を受賞した琉金（2 歳）

MPJ

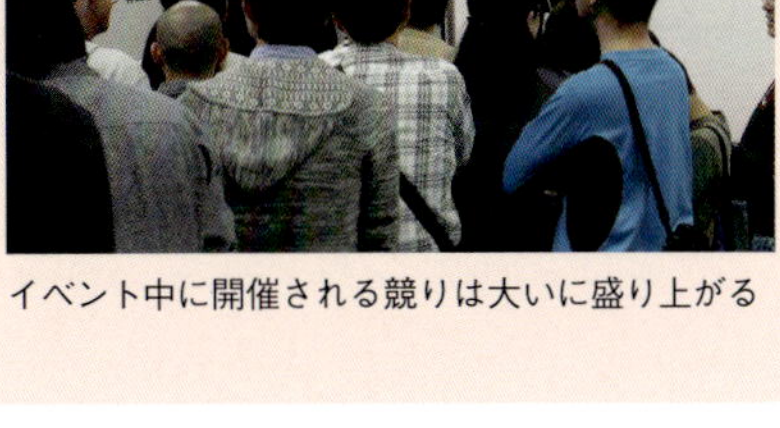

イベント中に開催される競りは大いに盛り上がる

らんちゅう　鮮明な紅白の染め分けと背のラインが美しく、水槽での観賞にも適した魚です
2016年　第34回　日本観賞魚フェア　熊本県知事賞

英　　名	Ranchu or Lionhead
中 国 名	日本蘭鋳、虎頭
体　　型	ランチュウ型（開き尾＋短尾＋短胴＋背ビレ欠損）、獅子頭（ししがしら）
体色・鱗	普通鱗、赤、白、更紗

らんちゅう

ランチュウ

日本で独自の発展をしている品種です。原種のマルコ（蛋魚）から肉瘤が発達したものですが、中国の虎頭と日本のランチュウは別物のようになっています。近年は〈らんちゅう〉と表記することが多いようです。語源は蛋魚（タンュ）あるいは蛋種魚（タンチュユィ）からきたものだと思われます。

明治初年頃からこの魚に一生を捧げた人も数多くいて、そのような先人がいて世界に誇りうる本品種ができたのです。金魚では絶対的本家の中国ですら、この魚を逆輸入して生産が始まっているほどです。

ランチュウの姿は時代とともに移り変わっており、以前は〈小判に尾ひれ〉といって黄金色の丸手の魚のイメージでしたが、近年は〈100円ライターに尾ひれ〉と言われるようにやや細長く、野太く、角張った頭で更紗のものが好まれるようになってきているようです。

流通量が多いので系統によって

は丈夫なものも多くなっており、品種としては安定してきています。もちろん掲載した写真のような立派な魚はなかなかできるものではありません。

らんちゅう

らんちゅうの審査は上見で行なうので、品評会場でも横の姿を見ることは稀です

2014年　第44回　静岡県金魚品評大会　浜松市長賞　らんちうの部　最優秀賞

T.I

らんちゅう

小ぶりでも魅力的な魚は、食べるわけではないけれど味魚（あじうお）といいます

らんちゅう

上物のらんちゅうでも、横から見て必ずしもかわいい顔とは限りません。掲載写真の選出に苦労しました（この魚はかわいい）

2018年　第36回　日本観賞魚フェア　日本観賞魚振興事業協同組合代表理事会長賞

らんちゅうの変わりだね

黒らんちゅう　本品種は黒らんちゅう独自の系統があるようで、タイ産のものが昔から最上質です

青らんちゅう

親まで退色せずに青文の色を保つ魚は、種親としては重要です

羽衣《はごろも》らんちゅう

退色中の青らんちゅうを羽衣といいますが、この品種は黒白青の独特の色艶があります

パール紅葉らんちゅう

V.F

大変珍しいパールらんちゅう、しかも紅葉！
この分野はまだ改良の隙間あり
2014年　第6回　金魚自慢大会　入賞

紅葉《もみじ》らんちゅう

言われなければ、らんちゅうと見間違うほど完成されてきています（筆者がほしい！）
2014年　第21回　金魚日本一大会　中日新聞社賞

紅葉らんちゅう 輸入の、いわゆる紅葉らんちゅう群。モザイク鱗もいるし玉石混交また楽し

アルビノらんちゅう
（赤眼系）

頭頂部が発達し、胴長で尾の裾が長いのは兜巾（ときん）といわれた古い形質で、興味深い体型

2017 年　第 35 回　日本観賞魚フェア愛知県知事賞

青紅葉らんちゅう

青文体色の網透明鱗のらんちゅうは、再先鋭のタイプで体型的にもお見事

2016 年　第 34 回　日本観賞魚フェア　長洲町養魚組合長賞

瑪瑙《めのう》らんちゅう

色的に最高難度の瑪瑙。高価なのに地味で
人気薄。途絶えないうちに要ゲット

出目らんちゅう

以前には鼓眼虎頭という宮廷の系統があったのですが、現在の魚はまったく別物でしょう

水墨《すいぼく》らんちゅう

水墨は商品名で、黒白モザイク透明鱗のらんちゅうです。銀鱗の入り具合もよし

出目らんちゅう

中国で朱頂紫羅袍というパターンですが、それにしてもすごくインパクトのある魚

キャリコ出目らんちゅう

中国的な濃い味付けです。キャリコ柄も良いし完成度は高いのですが……

らんちゅう（花房付き）

房らんちゅうとも呼ばれます。肉瘤と花房は競合関係でなかなか両立しません

アルビノ出目らんちゅう

アルビノにすると体色が黄金色になって、大きな赤い目にもゾクゾクします

2015年　第33回　日本観賞魚フェア
弥富金魚漁業協同組合長賞

江戸錦　バランス良い配色も見事な魚。こういう理想的な魚も見られるようになりました
2013 年 第 31 回 日本観賞魚フェア 奈良県知事賞

英　名	Calico Ranchu
中国名	五花虎頭
体　型	ランチュウ型、獅子頭
体色・鱗	モザイク透明鱗

江戸錦

エドニシキ

キャリコ模様のランチュウを目標に作られたのが本種です。もう50年以上の年月が経ちますが、ランチュウに比べるとまだまだ良型の魚は少ないです。

その理由はキャリコ体色の金魚（モザイク透明鱗）同士の交配では、モザイク鱗性の魚は単純に半数しかできないこと、交配に東錦を使用したため背ビレの欠損の固定に時間がかかった、またさらにその中から色模様、形とも揃ったものとなると大変確率が少なくなるためです。その割には評価が低く、ランチュウほど高価な値段がつかず、そのため生産量も多くないのです。量より質と言いますが、金魚の場合、質はある程度量から生じるものです。

作出途中で同時に出現する尾の長いタイプは、江戸に対して京錦と呼んでいます。こちらを愛好する人もいるようで、不思議なことにやや長手になることの多い京錦の方が肉瘤の発達がいい傾向があります。

江戸錦

黒の少ない系統の魚。ある意味らんちゅうよりも難易度は高いといえます

2015年　第22回　金魚日本一大会　飛鳥村長賞

A.S

京錦

バランスの良い体型の京錦。津軽錦からも同様の魚が出現することがあります

2016年　第49回　埼玉県観賞魚品評大会　加須の金魚賞

江戸錦

輸入品は体高が高いものが多いです。キャリコらんちゅうと呼ぶ方がしっくりする？

丹鳳（たんほう）

丹鳳（たんほう）とは、秋錦体型の魚の中国名で、キャリコなら京錦とシノニム（同種異名）です

桜錦　普通鱗は角度によって赤い部分では金色に、白い部分では銀色に輝きぞくっとします

桜錦

サクラニシキ

英　　名	Sakuranishiki
中 国 名	紅白透明鱗蘭鋳
体　　型	ランチュウ型、獅子頭
体色・鱗	紅白モザイク鱗

江戸錦の副産物として出現する紅白のモザイク透明鱗の魚を発展させた品種です。

水槽で見ると透明鱗の淡い紅白の染め分けに加え、混在する普通鱗が金銀に輝いて華やかです。

この品種の場合は浅葱色が不要であり、ランチュウとの戻し交配により形を改良しても色が劣化することがないので、ランチュウとの戻し交配が頻繁に行なわれています。そのため、形態や肉瘤の発達に関しては江戸錦よりもはるかに後発であるのにランチュウに近づいています。

絶えずランチュウと交配が試みられ、近親交配が行なわれにくいため、体質的にも丈夫で飼いやすいです。

本種を筆頭に紅白の透明鱗タイプが次々に作出されるようになりました。桜琉金、桜東錦など桜～と呼ばれる金魚は多いです。

桜錦 T.I

赤い色素が皮膚下部にあると微妙な桜色になります。らんちゅうとしても最上級品

2015年　第48回　埼玉県観賞魚品評大会　桜錦の部　優勝

桜錦

輸入金魚の一品物。このような細かい模様になるのは大変珍しいです

桜錦

当歳魚の時は普通鱗がわかりにくく、年齢とともに増加する傾向があります

2013年　第31回　日本観賞魚フェア　愛知県知事賞

ナンキン　ナンキンは横から見ても十分観賞に耐える体型の完成度の高い品種です
2013年 第31回 日本観賞魚フェア 東京都知事賞

英　　名	Nankin
中 国 名	白蛋魚、朱砂眼蛋魚、福州蘭鋳
体　　型	ランチュウ型、肉瘤なし、四つ尾
体色・鱗	白勝ち更紗

ナンキン

ナンキン

出雲、松江地方の特産品種でランチュウの原種、マルコの面影を強く感じさせる品種です。語源は中国の南京からという人もいれば、雲南地方（出雲）のウンナンキンだという人もいます。

各ヒレと眼、口紅の赤い本国錦を基本とするところなどオオサカランチュウとの関連も感じさせます。体型は頭が尖って、腹を大きく作るので上から見て三角形の形をしています。尾はランチュウよりもやや大きめで四つ尾を基本とします。白勝ちの更紗模様と鱗の輝きは、既存の金魚に食傷した人をも心変わりさせる魔力があります。

オオクニヌシの郷にこういう金魚が残っていて、独自の発展をしていることは、やはり金魚を育てるのは人と風土だ、と感じざるを得ません。

本当の魅力を味わうには彼の地を訪れるべきなのでしょう。

梅酢を使って軽く赤を抜くこともあるそうです。

ナンキン 本品種に多い小模様の小豆更紗。晩成の品種で５～６歳で完成するようです
2014年 いづもナンキン品評会 優魚一席
I.N.S

ナンキン 最近調色を施した魚が増えましたが、やはり色彩的にはこのような天然色が勝ります
2014年 いづもナンキン品評会 優魚三席
I.N.S

ナンキン
ナンキンは深い池でぐいぐい泳がせて育成するそうですが、水槽でもできるかも？
2015年 第22回 金魚日本一大会 日本観賞魚振興事業協同組合理事長賞
A.S

H.S

オオサカランチュウ　品評会で見つけた本国錦と呼ばれる最高難度の模様の魚。完全復活！？

オオサカランチュウ

オオサカランチュウ

英　　名	Osaka　Ranchu
中 国 名	十二紅蛋魚
体　　型	ランチュウ型、肉瘤なし、短胴、丸尾、三つ尾平付け、ボタン髭
体色・鱗	六鱗系更紗

Y.K

オオサカランチュウ
ナンキンより頭は大きく、花房より房は小さく（ボタン髭）、尾ビレの幅は全長と同じが理想
2014年　第9回　大阪らんちゅう愛好会品評大会　優勝

明治以前にらんちゅうといえば本種のことでした。大阪では模様の優劣で品評会を行なっていました。頭白、各ヒレ赤、目赤、丸金（丸い金魚）、丸尾、三尾、平尾が基本でした。その名残はナンキンにわずかに残っています。獅子頭のある関東型のらんちゅうに人気を奪われ、第2次大戦中に一度絶滅の危機を迎えました（「四大地金魚のすべて」参照）。

その後愛好会も組織され、ショップで販売されるまでになったのは大変嬉しいことです。模様の基準が厳しいことが敷居を高くして飼育者が減った原因ともいえますが、最近ではナンキンのように梅酢で調色をする人もいるようです。

頂天眼　体も太く立派で頂天眼としては最高級の魚。本種はこのように上から観賞したいですね
2014年　第21回　金魚日本一大会　中日新聞社賞

英　　名	Celestial Telescope
中 国 名	朝天眼
体　　型	ランチュウ型、出目（上向き）
体色・鱗	普通鱗、赤、更紗

頂天眼

チョウテンガン

非常に不思議な品種で、体型からしてかなり早期に蛋種の金魚から分離したと思われます。他の品種と交配すると、上向き眼がきれいに分離しないのです。結果改良が進まず最近ようやく更紗の魚も出てきましたが、20年ほど前までは素赤の魚ばかりでした。

それ故、深い甕《かめ》の中で上からの光だけで育成した、という伝説はあながち作り話ではないかもしれません。姿は似ていますが、水泡眼よりもはるかに虚弱であるため本品種単独での飼育がベスト。

頂天眼
白勝ち更紗朱砂眼（しゅしゃがん／結膜が赤）、房つきの頂天眼は中華圏では現在の最高級品のはず
2016年　第34回　日本観賞魚フェア　入賞

水泡眼　日本で初めて総合優勝した伝説の水泡眼です。筆者はこの時ちょっと涙が……
2014年　第32回　日本観賞魚フェア　農林水産大臣賞

英　名	Bubble-eye
中国名	水泡眼
体　型	秋錦型、水泡
体色・鱗	各色

水泡眼

スイホウガン

中国金魚の真骨頂とも言うべき本種は、眼のまわりの結膜(角膜ではない）が水泡状に膨れたもので内容物はリンパ液だということです。人によって好き嫌いが分かれるのですが、非常に危うそうな両眼下の水泡は実は結構丈夫な上皮で覆われていて、簡単に潰れるものではありません。むしろ眼のまわりのクッションになっているので、出目金よりはよほど丈夫で輸送にも強いです。

元になったのはフロッグヘッド（Toad head bubble-eye、哈蟆頭魚／ハマトウユィ）といわれるもので眼の下が少し腫れている、日本ではカエル眼と言ってあまり好まれないものです。中国金魚の中にはこの形質を含んでいるものが多く、繁殖させると高率で生まれることがあります。

色は各色とり揃っていて愛好の歴史を感じます。不思議なこ

銀水泡眼

中国では青文体色の蛋魚を銀と呼ぶようです

キャリコ水泡眼

水泡眼のキャリコは大変良品が多いです。水泡部が黄色で一色多い感じです

出目水泡眼

これも一品物で、よく見ると左は上向き眼の頂天水泡、右は横向きの出目水泡

セルフィン水泡眼

水泡眼は背ビレがない方がオリジナルで、先祖返りを拾い出したものです

2014年 第21回 金魚日本一大会 愛知県知事賞

とに茶色の系統はないようです。

もともと背ビレのない蛋魚から進化したものですが、近年背ビレのあるものも流通しています（セルフィン水泡眼、鰭泡）。これらが定着するかどうかはひとえに人気次第です。また中国でも夢の金魚とされている四泡、あるいは顎泡も着々固定に向かっているようです。

花房　原始的蛋魚の面影を残している品種です。この魚は基本通りのお手本魚
2014年　第21回　金魚日本一大会　花房の部　優勝

花房

ハナフサ、ハナブサ

英　名	Pompon
中国名	赤蛋球、白蛋球、紅白蛋球
体　型	ランチュウ型、肉瘤なし、長胴、短尾、鼻ヒゲ顕著
体色・鱗	赤、白、更紗

眼と口の間に鼻孔があり、そこからヒゲのような突起物が丸く飛び出しています。あたかもチアガールのポンポンのようです。まさに英名はpompon.。

丸手のタイプはオオサカランチュウによく似ています。両者はかなり近い関係にありそうです。

本種は近年中国からの入荷はなく、昭和30年代に輸入された系統が流通するのみです。年齢とともに房は大きくなっていきますが、流水や透明な水ではだんだん形が崩れてだらしなくなってしまうこともあります。よく切れるハサミで丸く刈ってもダメージはほとんどありません。

何かに引っかかって取れてしまうこともあります。少しずつ再生しますが、元通りの大きさにするのは難しいです。

背ビレのあるタイプは後発品種でオランダ花房とも呼ばれ、優良個体も多くなってきました。

茶金赤花房

すべてがこの発色ではなく、
房だけ赤い魚は多くても１割
ほどでしょう

花房

オランダタイプの花房。肉瘤と花房の両立は難しい
上に更紗模様も花房にマッチ

2017年 第35回 日本観賞魚フェア 江戸川区長賞

キャリコ花房

絶滅（?）と嘆いていたらどこからともなく輸入されました。今がチャンス

出目花房

茶金赤花房とかなり近い
関係にある品種。出目茶
金花房の退色後かも

津軽錦　最近の系統は、このように早く退色するようです。肉瘤の発達はほとんどなし

津軽錦、秋錦

ツガルニシキ、シュウキン

英名	Phenix
中国名	蛋鳳
体型	ランチュウ型、長尾、肉瘤少々
体色・鱗	フナ色（津軽錦のみ）、赤、更紗

弘前ねぷた祭りの金魚ねぷたのモデルになった金魚が津軽錦です。古いタイプのランチュウなどをもとに津軽の地で変化していったものと思われます。

現在の津軽錦は戦後一度は途絶えていたものを復活させたものです。遅い退色性などほぼかなり忠実に再現されています。作出過程で混入された東錦の影響でモザイク透明鱗のタイプも出現します。ランチュウと津軽錦を交配した丸型のコウキン（ヒロニシキ、弘錦）というの魚いたのですが、現在のものは体型的には津軽錦とコウキンの中間型といえます。

秋錦は昭和初年当時の最高峰品種であったランチュウとオランダを交配して作ったものに与えられた名前です。現在のものは近年の復刻作です。

津軽錦、秋錦は名前と由来は違いますが、ほぼ同じ意図で作られたものでしょう。

墨錦

真黒の秋錦にあたるこの魚は、まだプロトタイプのようです。着地点はどこか？

2014年 第32回 日本観賞魚フェア 埼玉県知事賞

秋錦（しゅうきん）

T.O

幻の金魚だった秋錦も復刻されました。最近の系統は肉瘤がよく発達します

青秋錦

らんちゅうの血を引くため青文よりも退色性が強く、親まで青い魚は貴重です

羽衣秋錦

羽衣模様の秋錦は頭が黄色く、頭部～背部に橙赤色を持つ場合もありかなり多彩

2014年 第21回 金魚日本一大会 その他Dランチュウ型 優勝

丹鳳（たんほう）

59ページの魚の普通鱗バージョンと思われる輸入魚。金銀模様が地味派手

和金　貫禄充分のチャンピオン魚。産卵期のため腹には５万粒くらい卵がありそう
2018年　第36回　日本観賞魚フェア　農林水産大臣賞

英　　名	Wakin or Common goldfish
中 国 名	金鯽、草金魚、文魚
体　　型	和金型（フナ尾または開き尾＋長胴）
体色・鱗	普通鱗

和金

ワキン

最も古くから日本の在来種として親しまれている品種です。最も原種のヒブナに近く体質は強壮で、錦鯉と一緒に飼育してもまったく問題ありません。

フナ尾のものと開き尾のタイプが存在しますが、どちらも和金に分類されます。前者の代表は金魚すくいでよく見かける小赤（本書99ページ参照）で圧倒的な生産量です。その他宇宙実験のためにフナ尾で個体識別ができるように更紗模様に改良された通称宇宙金魚という系統群もあります。平成大和という系統も更紗のフナ尾で鯉のように鮮明な模様をしています。

開き尾タイプの和金は、更紗模様が基本で赤白の染め分け模様が非常にきれいなものが多いです。こちらは生産量は少ないのですが、他の品種に比べ割安なのに丈夫できれいで、しかも長生きなのでハイレベルな愛好家の間ではなかなか人気があります。

和金 壮年のオス魚。骨太の体と深紅の体色が目に痛いほど。雌雄の色の差に注目

2016年 第49回 埼玉観賞魚品評大会 埼玉県水産研究所長賞

和金

三尾和金は上からだとオランダに見まがうことも。立派な観賞魚ですが、野性的

和金

芸の細かい更紗模様が多いのも本品種の特徴。この魚はまだ明け2歳のひよっこ

2014年 第32回 日本観賞魚フェア 江戸川区長賞

和金

非常に稀な小豆更紗の和金。珍しいというか、こういうのは流通に乗らないのです

和金の変わりだね

銀鱗《ぎんりん》和金

近年注目の品種。普通鱗の多いキャリコタイプで、水槽ではやたら目立ちます

三色和金

キャリコ模様の和金は最近の品種なので、このような理想的模様はかなりレア

モザイク透明鱗和金

このページの３匹はおそらく兄弟。新品種はこのように振れ幅が大きいのが魅力

桜和金

大きく育った蛍光色が衝撃的な魚です。和金の新色開発も最近のトレンド
2015年　第33回　日本観賞魚フェア　新魚賞

茶和金

よく見かけるようになりました。ライト付きの水槽での観賞がおすすめ

紅葉和金

色が揚がるとわかりにくいですが、黒勝ちの眼が紅葉の特徴

変わり和金

キャリコ模様のバリエーションの一つですが、よくぞここまで育ちました
2016年　第49回　埼玉県観賞魚品評大会　その他・和金型の部　優勝

コメット

コメット

コメット

錦鯉としても通用する三段紅白模様です。
価格は鯉の 1000 分の 1！

英　名	Comet
中国名	長尾草金魚
体　型	フナ型、フナ尾、長尾
体色・鱗	更紗

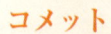

丹頂コメット

コメットの群れにはこういうのも混じっています。揃うのは大変ですが（笑）

コメット

コメットは鯉のような背模様が多かったのです、がこの魚は斬新な模様
2016年 第49回 埼玉観賞魚品評大会 コメットの部 優勝

庄内金魚

庄内地方で古くから養殖されていてコメットと同型。稀に壮年期に肉瘤出現

ゴールデンコメット

最近この色の品種が増えました。水槽では非常に大きな存在感なのです

琉金がアメリカで粗放飼育によりこのようになったと言われています。

この品種も和金と同様、強壮で美しく、しかも安価です。

流通するのはほとんどが更紗のものです。かつては錦鯉の紅白のような側線より上に模様がある背模様のものが多かったのですが、水槽飼育が多くなったためか、最近では腹部まで赤が乗った腹模様のものが人気のようです。

一般に背模様の更紗は赤の模様が飛ぶ傾向があり、腹部から赤が巻き上がる腹模様の方が色が安定しているため、関東地方では特に後者が繁殖家には好まれる傾向があります。

近年人気が今ひとつで生産量も減っているようですが、見直してじっくり飼いこみたい品種です。

１００円のコメットでも大事に育ててあげると品評会で優勝することもよくあるので、狙い目の品種といえるでしょう。

朱文金　ほれぼれするカッコよさの親朱文金。ここまで完璧な魚はそうそういません　T.I

2014年 第44回 静岡県金魚品評大会 朱文金の部 最優秀賞 浜松市議会議長賞

朱文金

シュブンキン

英　名	Shubunkin
中国名	五花長尾草金魚
体　型	コメット型
体色・鱗	モザイク透明鱗

本品種も原種に近い体型を持つので初心者でも安心して飼うことのできる品種です。

体の色模様も個体差が大きく、左右でもかなりの違いがあります。基本的には浅葱色が多く、各ヒレには黒い筋が入り、濃い緋色が頭部に入るのが理想とされていますが、最近では好みが多様化して赤が入らない青朱文とか、黒の強い影朱文などの一品物を選抜して飼育する愛好家も出てきています。

大きく分けて黒い斑点が少なく、浅葱がクリアな関東タイプと、黒い斑点が大きく、赤い色が少ない弥富タイプに分けられます。

もちろん流通しているものは一般的な好みに合わせて選抜された魚で、実際はその陰にゴマ塩模様の魚、全身青の魚、タイガー模様の魚などあらゆる組み合わせの魚が出現します。ぜひとも繁殖させて模様の変化に富んだ楽しさを実感していただきたい品種です。

朱文金

関東型の発色の朱文金。地域によって色や品種の好みはけっこう違います

朱文金（透明鱗）

丹頂三色（錦鯉）のような模様。これはマニアならではの選抜個体です

銀鱗朱文金

三色和金と同じく朱文金の銀鱗バージョン。この形質は今後他の品種にも？

九紋龍《くもんりゅう》

錦鯉の九紋竜にそっくりの朱文金は、衝撃デビューで上位入賞。固定化進行中とか

2013年 第31回 日本観賞魚フェア 東京海洋大学大学長賞

銀鱗三色

九紋竜系ではないかと思われます。斬新な色彩も評価される傾向

2016年 第46回 静岡県金魚品評大会 4席 県議会議員賞

N.O

ブリストル朱文金

横見でまろやかなボディと、肉厚で丸みのある尾がよくわかります

ブリストル朱文金

ブリストルシュブンキン

英　　名	Bristol Shubunkin
中国名	不明
体　　型	コメット型、ハート型尾
体色・鱗	多色モザイク透明鱗

体高のある肉厚の体型とハート型で大きく拡がる尾ビレ、また別名ブリストルブルーシュブンキンと言われるように青（浅葱色）を基調とした品種です。クールな色彩と形態で熱帯魚のマニアをもうならせています。

もともと日本原産の朱文金がイギリスのブリストル地方で数十年間にわたり改良されてきたものです。海外でもBristol shubun-kinの名前で通用しています。日本でもマニアの間ではその存在が知られていましたが、輸入されたのは２００２年のことです。

尾ビレの形成に蝶尾が交配されたということです。今では国内でも生産されており、他の色彩をもつ新品種も育成されつつあります。

立派な尾ビレを維持するのはやはり高度な技術が必要のようですが、基本的には丈夫な性質です。水槽での観賞に好適な本種は今後、新しい形の品評会の花形となる可能性があります。

ブリストル朱文金

近年は原産国からの輸入はないのですが、この魚は元の面影を留めています

赤目三色ブリストル

金魚には赤目とアルビノの２タイプがいて、赤目には浅葱色が発現します

2015年　第33回　日本観賞魚フェア　埼玉県養殖漁業協同組合長賞

紅白透明鱗ハートテール

日本に来てから各品種に交配されて、さまざまの新品種育成のカギとなりました

寿恵廣錦（すえひろにしき）

ブリストル朱文金を、国内で切れ込みが少なく肉厚の尾に改良した品種。この魚はちょっと変わった色彩

地金　名古屋六鱗、岡崎地金と体型で呼び分けたそうですが、今は融合しているとか
2013年　第31回　日本観賞魚フェア　奈良県郡山金魚漁業協同組合長賞

英　名	Jikin
中国名	日本地金
体　型	和金型、四つ尾（孔雀尾）、短尾
体色・鱗	六鱗模様

地金、六鱗

ジキン、ロクリン

愛知県地方の特産品種で歴史は古く、和金から派生したものと言われています。左右の尾の下部の方が開いて上部がやや近接しているものが四つ尾ですが、本種の場合は上下とも均等な幅で左右に割れており、特に孔雀尾と呼ばれています。この尾形は中国金魚にも類を見ない特殊なものです。

和金型ですがこの尾型のため遊泳効率が極端に悪く、他のワキン型とは一緒に飼わない方がいいでしょう。年とともに尾は徐々に浮力がつき、4〜5歳になると上向きに反り返ってあたかも名古屋城の金シャチのようになるものもいます。尾張の人はそこまで考えて育成したのでしょうか。

体質的には環境の変化に弱い面があります。

背ビレ、胸ビレ2、腹ビレ2、尾ビレ2、しりビレ2、口、眼だけが赤い模様は「六鱗模様」と言われ本種では人工調色が施されることが多いのです。

地金

模様に関しては厳しい基準があり、品評会の魚は皆人工調色を施しています

2013年　平成25年度　四尾の地金保存会　特別優秀魚指定審査会　一席

R.N

地金（青の網目透明鱗）

孔雀尾を他の品種に乗せるのは難しいのです。
これは最先端の改良種

三色地金（右2匹）、オーロラ（左1匹）

三色地金は江戸地金ともいい、同じ交配から生じた長尾型がオーロラです

三つ巴の法則

金魚は白いホーロー製の洗面器に移して観賞、撮影することが多いのです。今でも金魚の品評会では特大洗面器がたくさん並んでおり、その光景は独特のものです。もはや金魚専用容器となっている感さえあります。最近はプラスチック製品もできました。

さて金魚を洗面器に1、2匹入れると最初はびっくりして泳ぎまくりますが、しばらくすると静かになってしまいがちです。ところが3匹入れると不思議なことに三つ巴に絡み合って、いつまでも優美に泳いでくれます。お試しを。

体高の高いタイプを地金、やや長めの体型のものを六鱗と呼んで区別することもあります。

東海錦　品評会では調色された六鱗模様の東海錦が多いのですが、体型は様々です
2013年　第31回　日本観賞魚フェア　熊本県賞

東海錦

トウカイニシキ

英　　名	Tokai nishiki
中 国 名	十二紅文魚
体　　型	ワトウナイ型、蝶型尾
体色・鱗	六鱗模様？

地金と蝶尾（パンダ模様）の交配により作られたとされ、近年その生産地域から命名され流通するようになった品種です。

ワトウナイ（和唐内）とは和金と琉金の中間タイプ（和でも唐でもない）で、国姓爺《こくせんや》合戦《かっせん》にかけて命名された粋な名前ですが、今日では生産されることもなくなった、長型の琉金の名称です。

本種はそれに近い体型で蝶尾からもらった優美な尾と、地金由来の深く割れた四つ尾が特徴です。体型や尾型、また体色を調色して六鱗模様とするか否か、まだ定まった方向はなく、今後市場価値により方向が決まっていくものと考えられます。

伸びやかな体型と優美な尾は魅力的です。

本種の他、地金を元に改良されている品種は江戸地金（キャリコタイプ）、オーロラ（キャリコ長尾タイプ）、桜地金（紅白透明鱗）、藤六鱗（紅白透明鱗）、三州錦（ランチュ

雅錦

地金とブリストルの交配の長尾ハート型孔雀尾は、難易度高いも期待大

青のモザイクタイプ東海錦

青モザイク透明鱗はかすり琉金、萩雲青、黒青龍（変わり穂龍）に見られる形質です

青網透明鱗雅錦

青の網透明鱗もこの系統以外ないのでは？突き進んでいますねえ

2017年　第35回　日本観賞魚フェア　埼玉県養殖漁業協同組合長賞

三州錦

地金とらんちゅうの交配種で、人工調色する品種です。独特の風貌

2015年　第22回金魚日本一大会　中日新聞社賞　その他の部　優勝

ウとの交配種）、雅錦などがありますが、いずれも生産者が少なく、流通は大変少ないです。

A.S

玉サバ　色の濃さ、丈夫さ、立派さで隠れた名品種と思っていたら、近年メジャーになりました
2016年　第34回　日本観賞魚フェア　日本観賞魚振興事業協同組合代表理事会長賞

英　　名	Nymph
中 国 名	不明
体　　型	短胴、フナ尾、長尾
体色・鱗	紅白

玉サバ

タマサバ

本品種は長い歴史のある新潟の特産品種で、非常に鮮明な更紗模様とがっちりとした体型、優美に伸びる尾が海外で高評価を得ていました。錦鯉と飼育しても遜色なく、新潟の鯉とともに盛んに輸出されていたようです。

越後玉サバの中に透明鱗のものがいることは昔から知られていましたが、それに注目して繁殖したのが玉錦です。通常透明鱗になると赤の色は薄くなりがちですが、本種ではそんなこともなく、極めて鮮明な染め分け柄と透明鱗特有の黒目がちな眼が魅力的です。

玉錦ではモザイク透明鱗というよりは網透明鱗ではないか、という説もあります。網透明鱗の金魚は普通鱗の金魚と交配させると完全劣性、つまりF_1（子どもの世代）では全く網透明鱗が生まれない。また網透明鱗同士の交配ではすべて網透明鱗になります。

福ダルマは玉サバの体型をさらに重厚に改良した系統です。

玉錦

透明鱗タイプの魚が存在しますが、地元ではあまり区別していないようです

いわきフラッコ（赤目）

会津錦、会津福娘、会津じょっことともに継続していただきたい品種

2015年　第33回　日本観賞魚フェア新魚賞　新魚賞

アルビノ玉サバ

金魚の歴史にしたらアルビノの出現は遅かったのですが、最近増加傾向

福ダルマ

玉サバをさらに丸くボリュームを出したため、短尾の方がバランスがよさそう

2018年　第36回　日本観賞魚フェア新魚賞　弥富組合会長賞

鉄魚　非常に繊細なヒレをもつ成魚。もはや立派な改良品種といえるでしょう

鉄魚

てつぎょ

英　名	Tetsugyo
中国名	長尾鉄色草金魚
体　型	和金型
体色・鱗	鉄色（野生色）、赤、白など

以前は金魚の原種説もあった尾の長いフナ色の魚で、宮城県魚取沼（ゆとりぬま）の原産。１９３３年に一帯が天然記念物に指定されているので、もちろん捕獲は禁止ですが、それ以前から地元で飼われていた鉄魚の末裔が現在流通しているのです。２０１５年アイソザイム検査で金魚の遺伝子が混入されていることが明らかになりました。長年愛育されてきた本品種は、フナ色（鉄色）ながら非常に優美な姿に改良されています。中には退色する魚もいるようです。

鉄魚
退色済みの個体。赤や白、紅白、青白になるものもいるそうです

金魚日本一大会

主催／弥富金魚漁業協同組合

会場となるのは海南こどもの国。毎回たくさんの来場者で賑わう MPJ

金魚の生産が盛んな愛知県弥富市にて、毎年10月の第4日曜日に開催されている。関東と関西の中間という場所柄もあり、多くの出品魚が集うハイレベルな品評会であることで知られる。「親魚の部」と「当歳の部」に分かれ、それぞれ28もの品種部門で1位を競う。さらに部門優勝の中から、上位10個体が特別賞に輝く。

受賞者はミス弥富からも祝福！ Y.K.G

A.S

2017年の大会で、日本一大賞・農林水産大臣賞に輝いたオランダ獅子頭（親）

MPJ

会場では金魚すくいも！

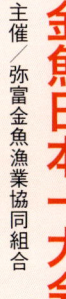

要注目の金魚たち

進化の止むことがない金魚。新しい形質が続々と発表されています。
ここではまだ大量に琉通していない、要注目の金魚を紹介します

キラキラ

2015年に発表されるや一躍人気品種に。ゴールデンの体に縮緬（ちりめん）鱗（仮称）は衝撃作

ハーフムーン

タイで改良中のオランダタイプで、尾が半月のように立ちあがるのが理想

ドイツ鱗

現在 F_2 世代に確実に遺伝しています。右は竜紋（海外では drgon scale）

H.S

H.S

天空眼（てんくうがん）　中国でもまだ報告のないムツゴロウのような眼は、固定化が望まれます

銀魚

昭和の中国金魚の直系で、長く都水試で維持されてきた貴重な品種

南京（全透明鱗）

ナンキンの改良品種は珍しいです。今後どう発展するでしょう？

紅葉青文（網目青文）

網透明鱗の品種は新作ラッシュで各色新しい可能性が拡がっています

杭全鮒金

（くいたふなきん）

透明鱗のフナと、中野養鯉場のフナ尾和金の交配による遺伝子豊富な系統

2015年　第二回　九州大金魚博覧会　出品

Y.K

金魚の系統、品種総論

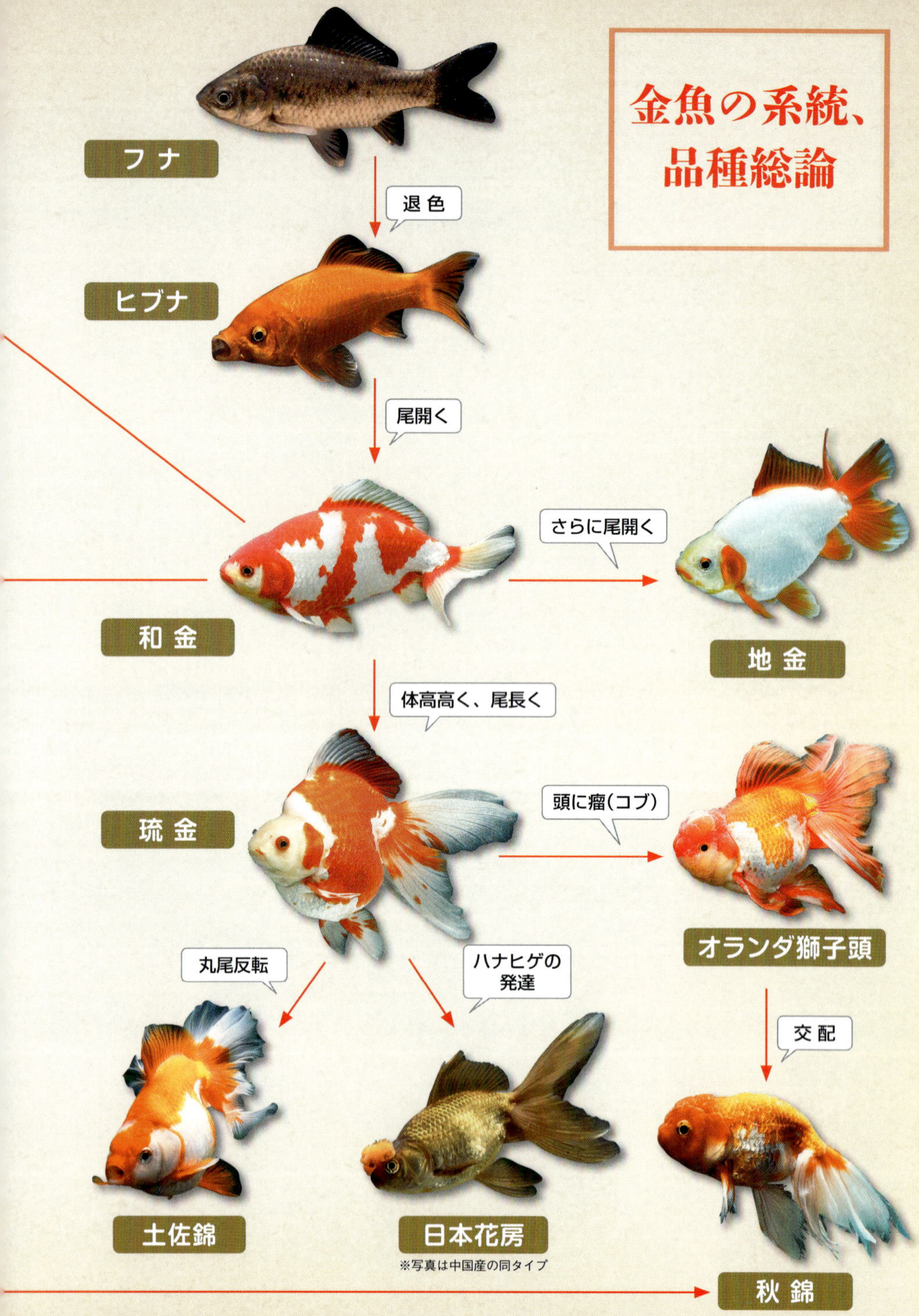
フナ
退色
ヒブナ
尾開く
和金
さらに尾開く
地金
体高高く、尾長く
琉金
頭に瘤(コブ)
オランダ獅子頭
丸尾反転
ハナヒゲの発達
交配
土佐錦
日本花房
※写真は中国産の同タイプ
秋錦

図1 形の変化

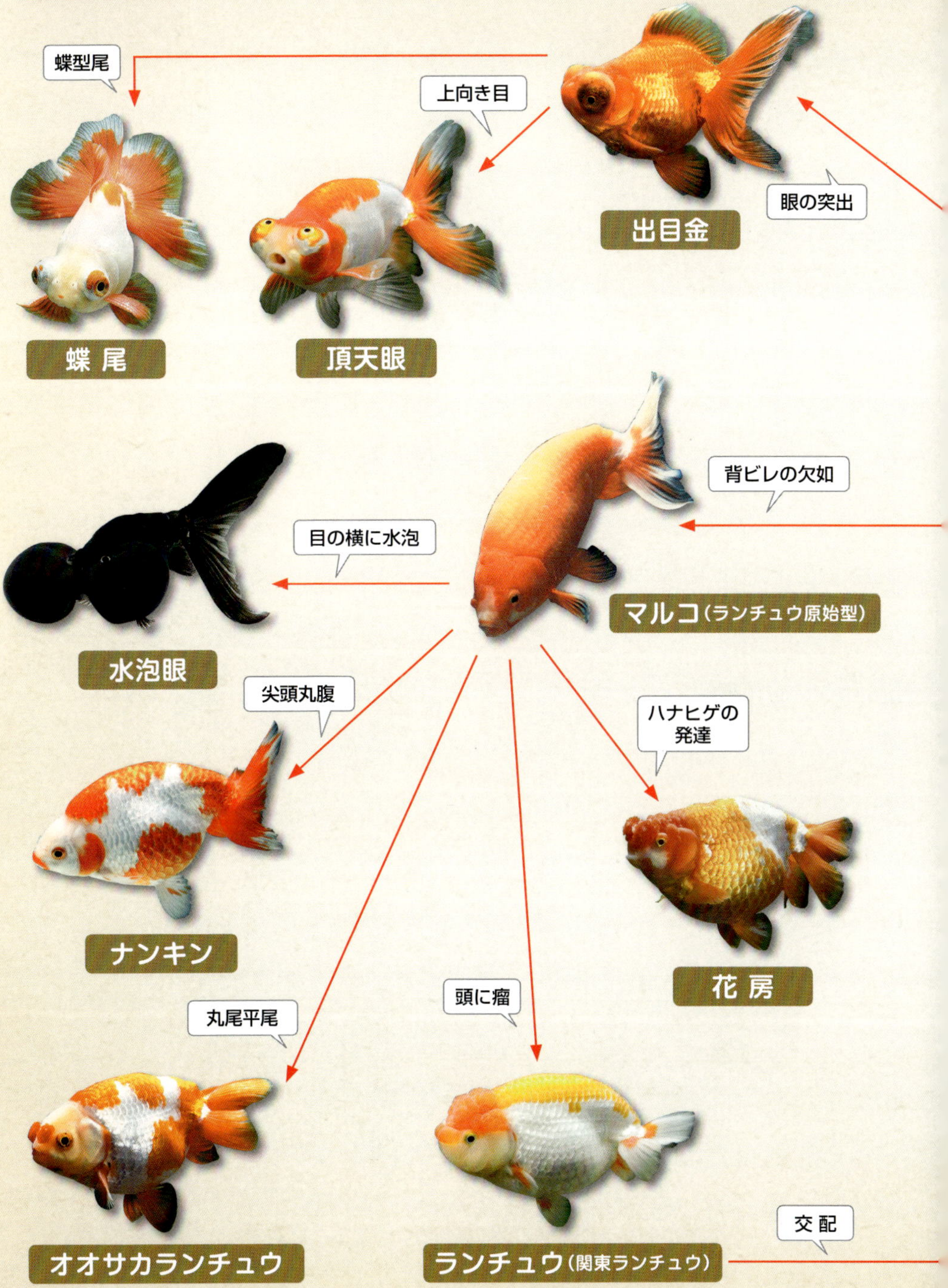
蝶型尾
上向き目
出目金
眼の突出
蝶 尾
頂天眼
背ビレの欠如
目の横に水泡
水泡眼
マルコ（ランチュウ原始型）
尖頭丸腹
ハナヒゲの
発達
ナンキン
花 房
丸尾平尾
頭に瘤
オオサカランチュウ
ランチュウ（関東ランチュウ）
交 配

新品種の作出について

ここ数年見慣れない品種が急増しています。そのほとんどは異品種間の交雑によるものです。弥冨で行なわれる金魚日本一大会では、既存品種以外のその他の部の出品が激増中で、影の激戦区になっています。

ここに掲載した総覧表は、２００２年当初の総覧表（弊社刊「金魚のすべて」川田、杉野）と比較すると、空欄がかなり埋まってきたのが明白です。

ただし交配によって乱発された新品種は一代雑種のようなものもあり、継続性に疑問符が付きます。新品種ほど個体のばらつきが大きく、需給関係も不明で生産者も少ないので、数年後には消えてしまう可能性も大きいのです。

金魚の異品種交配（雑種作り）はおおいに結構ですが、それを新品種として紹介するには、複数の生産者がいて一定の需要があり、十年以上の実績が必要のように思います。思いつきの命名は、あとあと混乱を招くことも予想されます。ＳＮＳなどで情報発信が容易になった現在、不用意な新品種発表にはより慎重でありますよう。

	網透明鱗	三色または 赤黒白	黒、茶、青文、 メノウ(非退色型)
	紅葉和金 杭全鮒金		杭全鮒金
			青和金　茶和金 青地金
			ゴールデンコメット
	玉錦		
	紅葉琉金	三色琉金	青文魚、茶金
			黒オランダ、茶金 高頭青文、メノウ 穂竜、変わり竜
			茶金赤花房
	紅葉出目金		黒出目金 茶金出目金 銀出目金
	輝竜		
		五色蝶尾	黒蝶尾 青蝶尾 メノウ蝶尾
			銀魚(原始型)
			銀花房
			黒水泡眼 銀水泡眼
			茶頂天花房
	紅葉らん ちゅう	トリカラー らんちゅう	黒らんちゅう 青らんちゅう メノウらんちゅう
			羽衣シュウキン 銀シュウキン

図2 金魚総覧表　'02 Suginno '12増補 '18改訂

形＼体色			野生色 (フナ色)	赤、白、更紗	雑色斑 (モザイク透明鱗)	紅白透明鱗
ワキン型（野生型）	フナ尾		フナ	和金(小赤) 平成大和	ロンドンシュブンキン	桜和金 杭全鮒金
	開き尾			和金 地金	キャリコ和金、隼人錦 銀鱗和金　江戸地金	桜和金 藤六鱗
		長尾		東海錦	オーロラ　雅錦	
	肉瘤あり		テツギョ	コメット　柳出目金 庄内金魚	朱文金　銀鱗朱文金	桜コメット
		花房		玉サバ　会津錦 福だるま　三州錦	ブリストルシュブンキン 寿恵廣錦	
リュウキン型（短胴）			テツオナガ	琉金、　会津福娘	キャリコ琉金	桜琉金
						ミューズ四兄弟
	シシガシラ		オランダ 獅子頭	オランダ獅子頭 丹頂 ジャンボ獅子頭	パール 高頭パール、浜錦 東錦 (ラブラドブライト、 天青、シルク東錦)	桜東錦 浜茜
		花房		オランダ花房 日本花房	キャリコ花房	
	反転尾		土佐錦	土佐錦	キャリコ土佐錦	桜土佐錦
	出目			赤出目金	キャリコ出目金 (在来型)	桜出目金
		肉瘤あり		竜眼		
		蝶尾		蝶尾	キャリコ蝶尾	桜蝶尾
ランチュウ型（背びれ欠損）				マルコ ナンキン 大阪ランチュウ　アラタマの華		桜ナンキン
	花房			花房	キャリコ花房	
	水泡眼			水泡眼	キャリコ水泡眼	
	頂天眼			頂天眼　頂天花房	キャリコ頂天眼	
	肉瘤あり			らんちゅう ライオンヘッド ガトウコウ	江戸錦 キャリコらんちゅう	桜錦
		長尾		シュウキン 津軽錦(弘錦)	京錦	京桜

◯内は、さらに付加的要素が存在するもの

金魚の系統図、総覧表について

有名な松井佳一博士の系統図（1933）は当時の金魚の来歴を明確に検証した大変意義深いものです。

体色が赤いフナといった様子の小赤は、最も素朴な表現の金魚

金魚は中国のフナから発展した魚で、色が付き（赤鱗魚）、尾が2枚になり（文魚）、眼が出て（竜睛）、背ビレがなくなり（蛋魚）、という形態変化の過程を示しています（実はこの文～竜～蛋の劇的な3つの形態変化は16世紀後半に相次いで生じたのです）。

今世紀に入って誰でも手軽に金魚の交配を行なえるようになって各品種の色のバリエーションが飛躍的に増えてきた結果、図と矢印の系統図方式では収拾がつかなくなってしまいました。そこで複雑な金魚の名称と形態を一覧できるようにしたのが、筆者が2002年に考案した総覧表（本書96～97ページ）です。

金魚の品種について

金魚はあくまでフナの人工改良品種なので、子がすべて同じ表現になるわけではありません。親と同じものがまったく生まれないことも日常茶飯事です。この点では古い品種ほど形質は安定しているといえます。次々と発表される＜新品種＞は雑種第1代（F_1）であることも多く、10年後が不安なものもあるのは否定できません。

日本金魚と中国金魚（輸入金魚）

昔々は金魚の移動は簡単ではなく少量ずつ桶に入れて運びました（金魚の普及において特筆すべきはビニール袋と酸素封入だと思います）。各消費地の近くで養殖した金魚をその地域で消費していたため、地理的系統的隔離が起きた結果、各地の地金魚が生まれたのです。

長年日本で繁殖され、日本人好みに改良された系統の水泡眼

昭和30年代に中国金魚数種が一斉に輸入された時、当時の金魚愛好家は驚きました。出目金までしか知らなかったのにいきなり水泡眼、青文、茶金、丹頂、珍珠鱗、花房ですから。宮廷で門外不出の宝物だった品種がこの時、世に出たのです。

これらの魚を業界的には中国金魚と呼びがちです。ところが50年余りも経ち、それらの品種は徐々に一般に受け入れられるようなマイルドな姿になっていて、なかなかピンと来ない方もいることでしょう。

そんな中でも微妙にお国ぶりはあるもので中国、アジア華僑圏で育成される金魚は品種の特徴をこれでもかと追及しています。一品物のようにその魚さえ立派ならよい、と割り切っています。一方日本では品種の特徴はもちろんなのですが、全体的バランス、特に尾の優美さと安定供給のため系統の固定度を重視する傾向があります。

金魚の楽しみ方、品評会

金魚といえばらんちゅうの品評会ばかりでしたが、最近は各品種単独の会もありますし、どんな品種も参加できる会も増えました。品種横断の会では従来の品種には収まらない金魚を持ちこむ人が急増しています。また従来品種の中でも今まで見たことのなかった、斬新な色模様が評価されるようになってきたのです。価値観、美意識の変化でしょうか、新しい風を感じるようになりました。

定型的なものも尊重しつつ自分なりの楽しみ方を見つけるのが魅力あふれる金魚と長くつきあう秘訣ではないかと思っています。

近年輸入されたセルフィンらんちゅうは日本に定着するでしょうか

魚は横から！

金魚は上から見るもの、とよく言われます。しかしながら、本書では極力横からの姿の写真を掲載しています。他の魚に比べればたしかに上から見ても楽しいのは、まだ透明なガラスやアクリルの水槽がなかった時代に改良されたからです。もともと魚は横から見て初めてサバだのアジだのイワシだのと区別できるわけで、横からの方がはるかに鑑賞ポイントは多いものです。

特例として頂天眼、水泡眼や土佐錦のように上見に主眼を置いているものもありますが。

でもほとんどの品種では横から見た方が、全体の姿や顔がよくわかって愛着が湧きます。最近の品種は横から見た方が魅力がわかる品種が多くなっています(桜系・紅葉系の品種、キラキラ)。

いくつかの飼育提案

歴史の長いペットである金魚。
色々な飼い方ができますが、ここでは
水槽飼育の例をいくつか紹介しましょう

水槽のカラーコーディネイト

水槽飼育では金魚の背景となるバックスクリーン。この色一つで印象がガラッと変わります

スクリーンを貼っていない水槽。そこに水槽があることを強く意識させたくないときにはこんなスタイルも

シックなイメージの黒。赤や白といった金魚の体色がとてもよく引き立ちます。反面、黒い金魚は見えづらくなります

スクリーンではなくてすだれを背面に置いた例。小紋の布や、和風の絵を貼っても面白いかもしれません

青は水の色のイメージで金魚によく似合い、清潔感があります。半透明の透過タイプであれば、水槽はより明るく

背の低い水槽で水泡眼

金魚には上から見ても楽しめる品種がいくつかあります。目が上を向いた水泡眼はその一つ。上からも見やすいように背の低い水槽で飼うのもよいでしょう

水槽／幅 45 ×奥行 20 ×高 25cm
金魚／水泡眼（3 匹）

水槽用アクセサリーで賑やかに

金魚と水草を同じ水槽で……という声も聞かれますが、金魚は水草を食べるので NG。そこでこんな提案。この水槽に入れられた水草は全て樹脂製なので、金魚が食べることはありません。最近は本物そっくりの人工水草もありますから、こんな楽しみ方もできます

小さな金魚は小さな水槽で

無理に小さな水槽で飼うこともありませんが、金魚は環境に適応する魚ですし、小さなうちは小さな水槽で飼うと観察もしやすくなります。大きく育てたいと思ったら、大きな水槽を用意しましょう
水槽／幅 41 ×奥行 21 ×高 26cm
金魚／キャリコ、出目金、オランダ獅子頭

立派な金魚の泳ぐ大型水槽

金魚はビュンビュンと泳ぎませんが、体が大きく、よく食べるため、水を汚しがちです。そのため、大型の金魚を飼う場合やたくさんの金魚を飼うときには、相応に大きな水槽が必要となります
水槽／幅 90 ×奥行 45 ×高 45cm
金魚／ショートテール琉金（6 匹）

本格的な水槽のセッティング

小さな水鉢で飼うこともできますが、
しっかりと育て、美しく鑑賞するには、
きちんとした設備を用意したいものです

用意した器具

ろ過器2

「投げ込み式フィルター」と呼ばれる水槽の中に入れるタイプ。エアポンプからの送気で循環します

ろ過器1

「外部式フィルター」などと呼ばれる水槽の外側にろ過槽を置くタイプ。ろ過能力が高く、この水槽のメインのろ過器となります

水槽

幅60×奥行30×高さ36cmのスタンダードサイズ。側面と背面がはじめから黒くコーティングされたもの

エアポンプ

投げ込み式フィルターに送気します。水槽に酸素を供給するためにも、持っておきたい器具

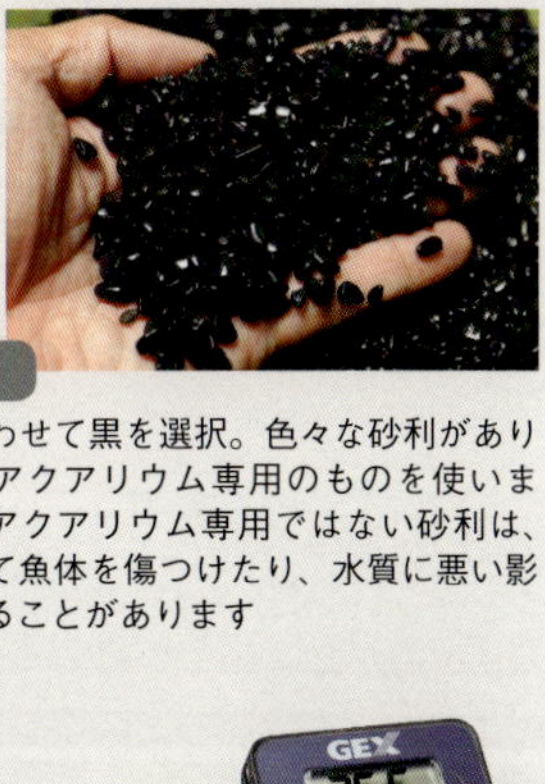

砂利

水槽に合わせて黒を選択。色々な砂利がありますが、アクアリウム専用のものを使いましょう。アクアリウム専用ではない砂利は、角があって魚体を傷つけたり、水質に悪い影響を与えることがあります

ライト

水槽幅にあったLEDライト。最近の水槽用照明はほとんどがLEDとなっており、省コストで発熱が小さいなどの特長があります

塩素中和剤

水道水に含まれる塩素は金魚にとって有害なため、飼育に使用する水は塩素を中和します。この商品は金魚の粘膜を保護する成分も配合されています

アクセサリー

金魚に食べられない樹脂製のイミテーションプランツ（人工水草）を用意しました

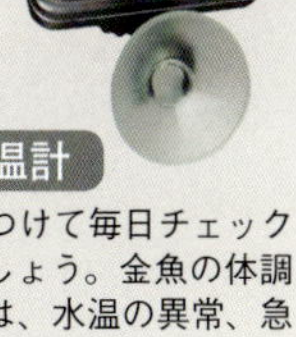

水温計

必ずつけて毎日チェックしましょう。金魚の体調不良は、水温の異常、急激な変動により起こることがあります

いざセッティング！

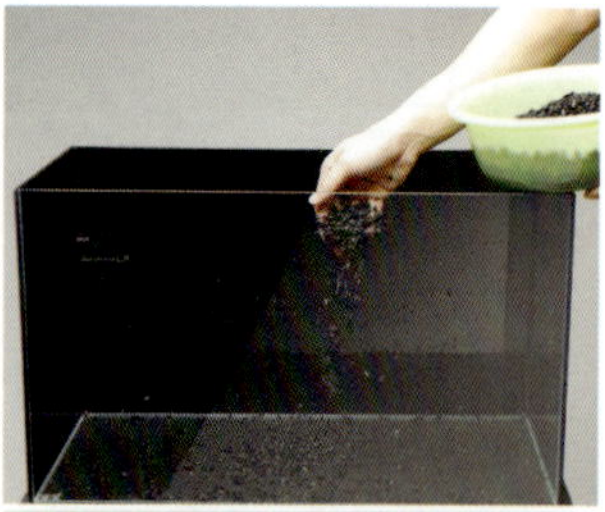

砂利を敷く

水平で丈夫な台に水槽を置いたら砂利を敷きます。砂利は事前にバケツなどに入れて、濁りが出なくなるまで水道水で洗っておきます

外部式フィルターのろ材をセットする

外部式フィルターは、バケツ状のケースに入れたろ材に水を通すことで、ろ過をします。まずろ材を洗い、ケースにセットしましょう

外部式フィルターのパイプを水槽にセットする

ろ材の入ったケースに水を送る吸水パイプ、ろ過された水を水槽に戻す送水パイプを水槽に取り付けます

水を張る

最初に敷いた砂利がえぐれないように水道水をそっと注いでいきます

水道水の塩素を中和する

水道水を水槽に満たしたら、塩素中和剤を規定量入れます

人工水草を飾る

金魚の遊泳スペースを確保するためにアクセサリー類は控えめにしました

水温計をセットする

日々の天候や四季の移り変わりによる水温の変化は魚に大きな影響を与えます。水温計は必ず取り付け、毎日チェックしたいものです

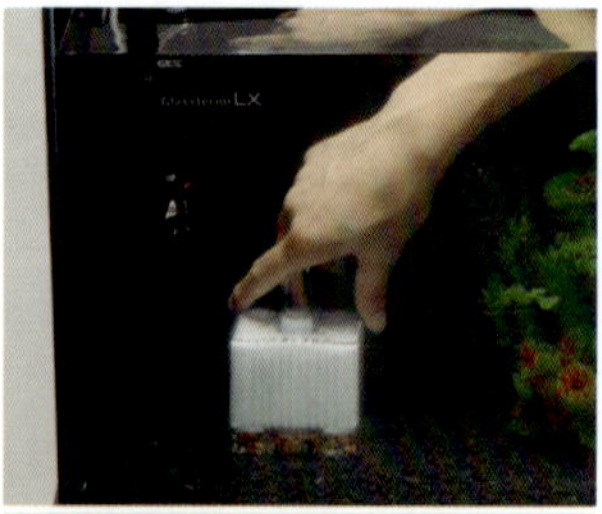

投げ込み式フィルターをセットする

投げ込み式フィルターは、エアチューブでエアポンプと接続してから水槽に入れます

器具類の電源を入れる

各器具類の電源は、フィルターのセット、水槽のレイアウトが全て終わってから入れましょう

水を空回しする

半日から数日程度、金魚を入れないまま水を回して、器具類が正常に動いているか確認できればより安心です

水温合わせをする

購入してきた金魚はすぐに水槽に放すのではなく、しばらく水槽に浮かべて水槽と袋の中の水の温度差をなくします

魚を放そう

金魚をそっと手で掬って放してあげましょう。袋の中の水は金魚の排泄物などで汚れているので、水槽には入れない方がよいです

水槽／幅 60 ×奥行 30 ×高さ 36cm
ろ過／外部式、投げ込み式
水温／ 25℃
換水／週に 1 回　1/3
魚／オランダ獅子頭× 3、琉金× 2、和金× 2、黒出目金× 1

魚を入れるタイミング

器具が作動したらすぐにたくさんの金魚を入れたくなりますが、セットから 1 ヵ月ほどまで水槽内には有用な微生物（ろ過バクテリア）の数が少なく、水質が悪化しやすい期間となります。

そこで水槽セットからしばらくは金魚の数を少なめにして、トラブルにならない程度に餌を抑え、まめに水換えをしましょう。この期間を上手に乗り切るために、市販の「ろ過バクテリアの素」や有害物質を吸着する「ゼオライト」を使うのも一つの手です。

完成！　黒いバックに鮮やかな体色の金魚が映えます。毎日の世話で、健康的に育てましょう

自家産の金魚で品評会を楽しむ

神奈川県／栗原雅也さん

日本オランダ（2歳）。優雅さと上品さを兼ね備えている。栗原さんによると「日本オランダは転覆しないのも魅力」だとか

若々しく、躍動感に溢れた当歳の和金。自家繁殖個体で、「第23回 日本一大会」では上位入賞した。「際（キワ）がダメと言われました。際も模様も体型もよい個体は、なかなか出ません」

栗原さんとご家族。栗原さんは関東の日本オランダ獅子頭愛好家たちと「日本オランダ獅子頭遊魚会」を2017年に立ち上げた

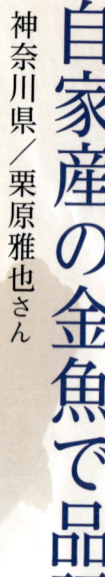

幅6×奥行5mほどの金魚ハウス。栗原さんと息子さんで時間をかけて作り上げた

和金が泳ぐFRP池。水量に対して余裕のある匹数で、悠々と泳いでいた。餌は、和金に限らず大きな個体には錦鯉用、小さめの個体には金魚用の人工飼料を与えている

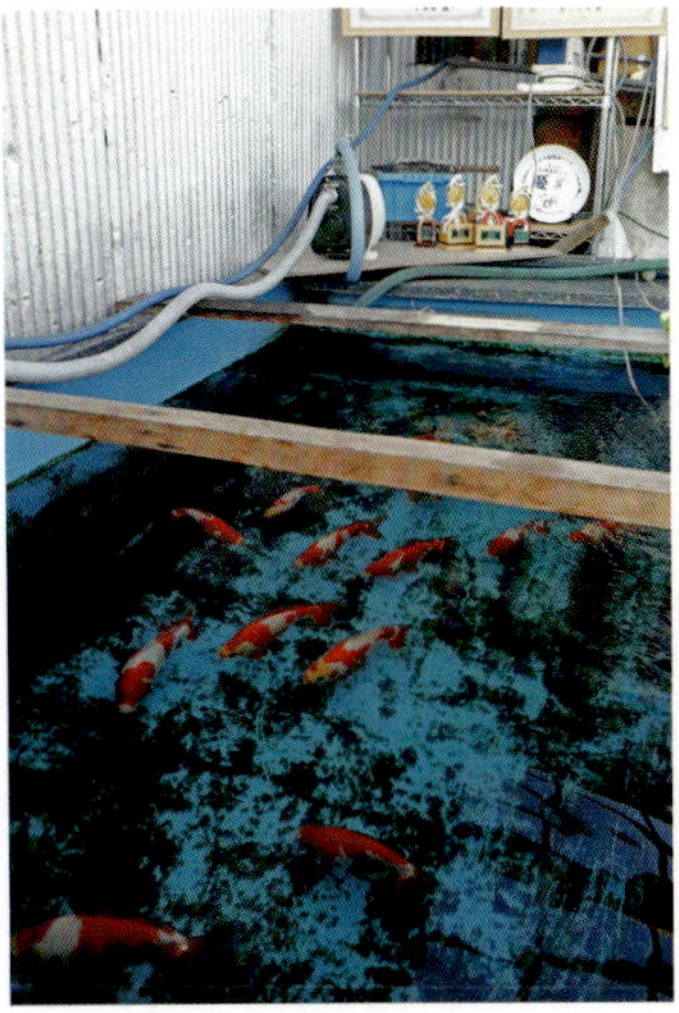

丹頂、東錦、茶金などが泳ぐFRP池。ひとめ見れば清浄で良好な水質であることがわかる。水換えは夏には週に4～5回、それ以外の季節では週に2回とまめに行なっている

複数の品種を飼う栗原さんの一番のお気に入りは日本オランダ。優雅な尾やしっかりと出る肉瘤が魅力的です。飼育や繁殖については、香川県の「日本オランダ獅子頭愛好会」の会員になり、学んだそうです。

「オス親は尾形や頭、メス親はボディが子供に影響を与えるという基本も、ここで教わったんです」

現在は、日本オランダだけではなく、和金や東錦などの繁殖も行なっています。

品評会にも出品しています。上位に入賞することも珍しくなく、2016年の「日本一大会」では丹頂（親）が部門優勝を獲得。また以前の「静岡県金魚品評大会」では和金の親と当歳で部門最優秀を飾ったことも。その当歳は自家繁殖でした。

「嬉しかったですよ。卵から育てているので思い入れが違いますから」

自分で殖やした金魚で品評会を目指すのは、この趣味の醍醐味のひとつです。

「金魚は親によいものを使っても、子供がみんなよくなるわけではないので、なかなか難しいですね。それでもいつかは出品金魚の中で一番を獲りたいですし、それも自家繁殖個体であれば最高ですね」

金魚を眺めていると時間が経つのを忘れます

東京都／松好孝子さん

元はガレージだった場所を金魚と猫のために改装。水槽は 60cm 水槽が 2 本

松好さんは幼いころから生き物好き。生家の周辺に金魚屋さんが多かったことから、とりわけ金魚が好きだといいます。以前は自宅屋上にトロ舟を置いて金魚の飼育をしていましたが、数年前の夏の猛暑で水がぬるま湯になったことを機に、屋内飼育に切り替えました。当初は水槽飼育に慣れておらず病気が出がちでしたが、たまたま訪れた観賞魚店で飼育のコツを教えてもらい、水槽でもうまく飼えるようになりました。

現在の飼育場は自宅前のガレージです。車に乗らなくなったこともあり、ガレージを改装し壁や屋根を取り付けました。蚊などの虫も入り込まず、それでいて網戸やガラスを多用した空間は明るく、自宅と外界をつなぐ中間点となっていいます。

水槽はきれいに管理しています。水は週に1度半分換えるのを基本とし、餌をあげすぎたり水がコケ臭いと感じたら、その都度10

「表情が豊かで一番好き」というオランダ獅子頭。購入するときも顔を見て選ぶのだとか

飯田琉金。赤みが強く、1 匹だけ入れておくと、他の魚を引き立てる良いアクセントになる

《リットル》ほど交換します。また、作動音が静かで、使用してから濁りや病気が収まったこともあり、外部式フィルターには絶大な信頼を置いています。

いずれは自宅の2階にも水槽を置きたいという松好さん。

「今の場所だと冬は寒くて眺めていられないので（笑）。冬だからこそ、のびのびと泳ぐ金魚を見たいと思っているんです」

ろ過は外部式フィルター。吸水口にはスポンジをつけており、それを毎日洗っていることから、ろ過槽本体は年1回のメンテナンスでトラブル知らず

飼って、作って、金魚を満喫中！

東京都／えれ。さん

美しい体型に、よく発達した頭が見事なオランダ獅子頭のザクロちゃん。
「頭が良くて、餌時になると寄ってくるんです」

丸い体型、パール鱗がかわいらしい穂竜の置物（右）と黒青竜の根付け。黒青竜の背の浅葱（あさぎ）色にも注目！　金魚好きにはたまらない作り込みだ

金魚柄の浴衣を着て出迎えてくれた、えれ。さん。頭には大きな花飾り？　いえ、よく見ると土佐錦をかたどったヘッドドレス。しかも、自作品です。そう、えれ。さんは、羊毛フェルトを使った金魚作家でもあるのです。

水槽部屋でご主人といっしょに。実はご主人も大の金魚好きであり、「魚のためなら」と120cm水槽を置くことにも理解がある。夫婦で仲良く飼育を楽しまれている様子が伝わってきた

桜錦はその淡い色彩はもちろん、キラキラと光るモザイク透明鱗（透明鱗に銀鱗が混じる）がスパンコールによって表現されている。素敵なアイデア

ろ過はスポンジフィルターのみ。エアの当たる場所にカキ殻や活性炭を置き、水質の向上に努める

金魚用のメインとなる120×45×45cm水槽。オランダ、五花竜の他、桜東、江戸錦などがゆったりと泳いでいる

えれ。さんは大の金魚掬い好き。飼育を始めたのも小学生の頃に掬った個体がきっかけで、大学生になるまで毎年掬っていたのだとか。ただし、夜店の金魚ではしっかりトリートメントされていることは多くありません。新しい魚を追加すると病気が出ることもあり、「金魚は難しい」と感じていたそうです。

そんなあるとき金魚の配布イベントに顔を出すと、東京海洋大学の岡本信明学長の姿がありました。

「小さい金魚なら、小型水槽でも飼えるよってうかがって。それで、職場に水槽を置くことにしたんです」

このことで素敵な出会いにも恵まれます。その水槽は同じく金魚好きな同僚の目に留まり、それをきっかけに親交を深めていった結果……その方は今、えれ。さんの隣にいます。そう、ご結婚されたというわけです。

現在は、ご自宅でご主人と共に4本の水槽を維持するえれ。さん。ろ過はスポンジフィルターのみで、週に1度、浄水器を通した水でほぼ全換水しています。金魚たちもクリアな水の中を気持ち良さそうに泳いでいます。

槙さんと雅錦。本書 85 ページの品種紹介で掲載しているのは、この水槽の個体

「きれいな金魚だね」って言われると嬉しいです!

千葉県/槙　春奈さん

「私が餌をあげると太ってくるんです、ね?」

水槽の金魚に向かって話しかけるように答えてくれた槙さん。視線の先に泳ぐ雅錦は太っているようには見えませんが、改良のベースとされている地金を彷彿する丸みを帯びたフォルムを維持しながらも、肉付きの良い立派な体型に仕上げられています。

この個体は4センチに満たないサイズから手塩にかけて育てた2才魚。垂れることなく、かつ、ふんわりと大きく広がった

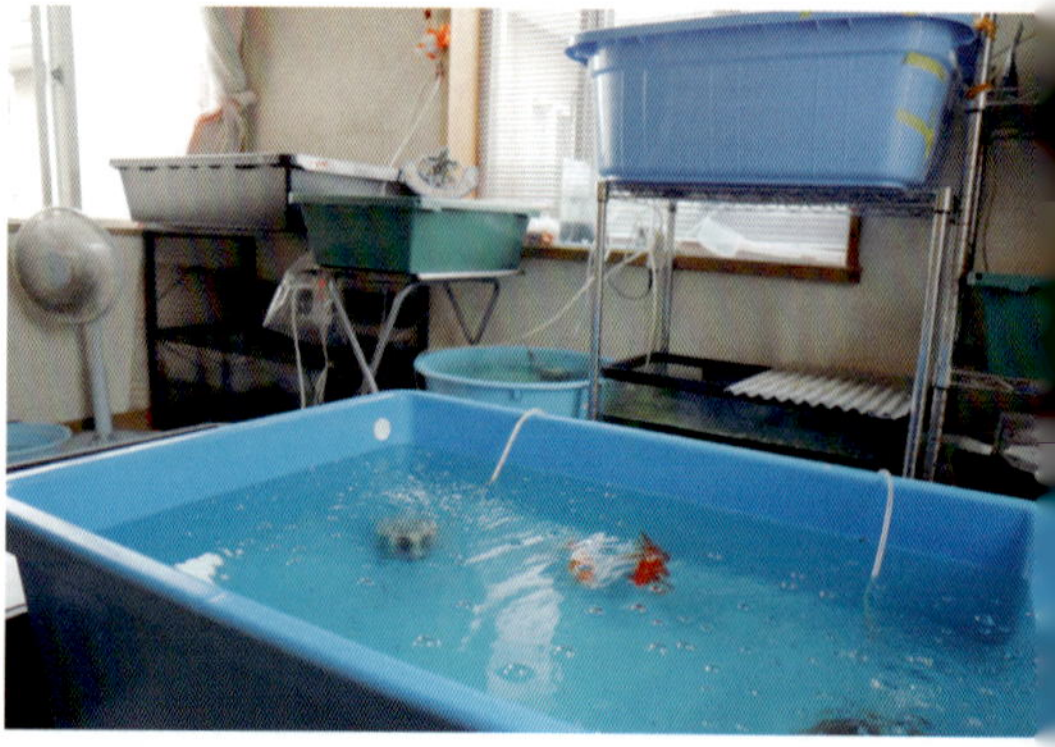

8本ものプラ舟、水槽などが置かれた金魚の育成ルーム!品評会前など時期によっては、舟の上に舟を重ねて飼育することも

桜錦の表現に長い尾を持つ「京桜」という品種。上品な装いの金魚だ。槙さんは桜体色の金魚がお好きとのこと

槙さんの大のお気に入りである地金。プラチナ色に輝く体と赤いヒレのコントラストが美しい

与えている餌。最近はモロヘイヤなどが含まれた顆粒フード「アイドル」を気に入っている

リビングに置かれた120cm水槽。これはもっぱら観賞用で、育成は主に舟で行なわれている

尾ビレのシルエットからは、漫然と餌を与えるだけでは表現できないであろう〝作り〟のうまさを感じられます。

実は、槙さんは2012年の日本観賞魚フェアで地金部門の優勝に輝いたのを筆頭に、これまで数々の賞を獲得するなど、その育成技術には定評のある金魚女子です。

槙さんの飼育歴は5〜6年ほどですが、雅錦のほか数々の金魚を飼育してきた経験を糧として、独特の飼育理論を持ちました。それは、餌やりや水換えといったメンテナンスを定期的には行なわないこと。

「金魚は餌やりや水換えの周期を覚えます。ただ、それを守れないとストレスを感じ、調子を崩してしまうと思うんです」

興味深い考えです。もちろん、餌食いや魚の動きはまめにチェックし、不調のサインを察知すればすぐに対応します。

取材の最後には、「これからもこのかわいい金魚たちを飼っていられたら……」と語ってくれました。またどこかの品評会で槙さんが育てた金魚たちと再会できることを楽しみにしています！

金魚を見に行こう その③

T.I

販売されている多数の金魚の中から気に入った個体を選べるのも醍醐味！

T.I

埼玉県水産流通センター。広い場内が大混雑するほどの賑わい（写真は会場の一部）

T.I

ナマズの天ぷらとホンモロコのから揚げ

2017 年の品評会で全体総合優勝（水産庁長官賞）に輝いた東錦（親）

埼玉県観賞魚品評会

主催／埼玉県養殖漁業協同組合、埼玉県食用魚生産組合、埼玉県養鱒協会

埼玉県は金魚や錦鯉の養殖が盛んで、また食用魚としての川魚も特産品だ。「埼玉県観賞魚品評会」は「埼玉養殖魚まつり」内の品評会として開催されるもので、埼玉県や近隣から金魚が出品され美しさを競う。「まつり」は秋と冬の年2回開催だが、「品評会」はそのうち秋（11月）でのみ。「まつり」では金魚すくいや川魚の料理なども供されるから、家族で足を運ぶのにも良いイベントだ。

世界に名だたる金魚アーティスト
深堀隆介さんの世界を覗く

透明のエポキシ樹脂の上にアクリル絵の具で金魚を描き、さらにその上にエポキシ樹脂を重ねるという、あまりにも革新的な技法を生み出した美術作家・深堀隆介さん。まるで生きているかのような、いや、生きているとしか思えないほどの生命感が伝わってくる作品には、どのような思いが込められているのだろうか？

金魚に対して語り出したら止まらない深堀さん。展示会などスケジュールの詳細はオフィシャルサイト『金魚養画場』をチェック！

エポキシ樹脂による作品を発表した当初は、“生きている金魚を詰め込んだ”と勘違いされることもあったそうだ。「僕は金魚の絵を描いているのではなく、魂を作り上げているんです。この技法は、そんなコンセプトを表現するための手段に過ぎないんですよ」

金魚のためのオリジナル技法

子供の頃は名古屋に住んでいて、父親の運転でよく釣りに出かけていました。たとえば弥富の近くでも釣りをしていましたけど、国道沿いを走っているとたくさん金魚屋がありますよね？　でも当時は、それが当たり前というか、他の地域でも同じ光景だと思っていたんです。金魚はいつでもどこにでもいて、あまりにも身近な存在だったので、そんなに深く気にすることはありませんでした。ただ、美大に通っていた頃には魚をモデルにした作品を作っていましたし、自分の中に魚という存在はインプットされていたみたいです。当時はまだ、その魚が金魚だとは気付いてなかったんですけど。

透明のエポキシ樹脂にアクリル絵の具で描くという技法は、2002年に生み出しました。その頃は、仕事を辞めてアーティストになったはいいんですけど、僕

後方の大きな作品は、20017 年の正月、大磯プリンスホテルにてライブペインティングで描かれたもの。実は金魚の中に富士山、鶴、元旦の日の出、江ノ島、家族（会場のお客様）などが描かれている。「何か描いてほしいものがありますか？　とお客様と会話しながら描いていくんです」

制作途中の作品に筆を入れていただいた。「肉付きをどうしようかな？　とか、自分で楽しみながらやってますね」

120cm 水槽など、アトリエ内での飼育コーナー。「フナから金魚へという人間の技を感じるためにも、あえてフナも飼っています」

骨董のお皿を用いた作品で、タイトルは「初恋」。小さな金魚が２匹泳ぎ、エアレーションの泡はエポキシ樹脂でリアルに再現されている。「立体的に泡を作り上げたのは、この作品が初めてです」

ならではの作風を持っていませんでした。自分の中で、いちばん表現できる自分らしいものは金魚だと、当時飼育していた1匹の和金が気付かせてくれていたんですけど……。作品のコンセプトが金魚であることは完璧だと思いつつも、それを人々へ訴える技術がなかったんです。

何か自分だけの技法がないかと毎日考えていたとき、以前、樹脂の仕事をしていたことを思い出し、エポキシ樹脂を使ってみることにしました。最初は樹脂の中に自分で描いた絵のプリントを入れて、かたまるのを待っていたんですけど、単なるお土産物みたいですし、完成度に不満があったんです。そこで、樹脂に対してアクリル絵の具で直接描いてみたところ、アクリル絵の具が溶けることもなかったので、これはおもしろいと思いました。物を樹脂の中に入れるのはよく見ますけど、絵画を樹脂に封入するというのはそれまで見たことがなかったですから。

もうひとつおもしろかったのが、金魚のヒレの薄さや肉の透けた様子、浅葱色などをきれいに表現できたことです。その時、「この技法は金魚のためにある」と感じたんです。もちろん、普通の絵でも表現できますけど、普通の絵では届かない領域まで表現できるのが、この技法なんです。

　他にも驚いたことがあります。ただの絵だったところに樹脂を重ねてウェットな存在になった途端、金魚が魂を得たというか、魂がすーっと入って金魚が動き出したというか、不思議な感覚になったんです。その時、「これだ!」と思いました。

　また、僕よりも絵が上手な方はいくらでもいらっしゃるんですけど、この技法によって僕なりの「絵に魂を込める技法」を見つけたとも思ったんです。ですからあとは、もっと自分なりに突き進めて、もっと工夫してクオリティを上げていこうと。ちなみに今ではこの技法を色々な人がやっていますけど、この技法にいちばん合うのは金魚なんです。だって金魚を描くために僕が生み出したんですから（笑）。

絵を描く金魚生産者

　金魚って、何だと思いますか？　僕は常に「金魚って何だろう?」と思っていて、それを描いているんです。この質問に答えられる人って、そんなにいないと思うんですよ。とても美しい金魚を作っている生産者の方でさえ「金魚って何だろう?」と思いながら作っているのではないでしょうか？　僕は、答えなんか出ていないからやり続けているというか、答えを探すためにやり続けているような気もしています。

　それに、もし「これが自分の答えだ」と結論が出たとしても、しばらくすると「違う答えがあるんじゃないか?」という気になると思うんです。そういう「あくなき追究」は、生産者の方もお持ちではないでしょうか？　たとえば、頭の中に金魚を描いて「こういう金魚を作ろう」というのとは別に、「見えない金魚」を探し求めているというか。

　僕もそれと同じで、写真などを見たまま描いたり、何かお手本を元に描くのではなくて、未知なるものを探して突き進めるために作り続けているんです。金魚は人間と似ているところがありますよね。たとえば、悪いものを食べればお腹を壊しますし、過密に飼えばケンカをしたり、環境を悪化させたりとか、今の地球を見ているような気さえします。僕は、金魚のそういうところを描きたいんです。金魚の目に見える部分を描きたいわけではないんですよ。それは正直、僕はしたくないんです。それをすると、僕はそこで満足しちゃいそうな気がして。でも、もちろん金魚を見るのは好きなんですよ。ですから、見てその美しさだけをいただいて、自分の中に取り込んで、それを絵として出すんです。

　それまでの画家の人って、金魚屋さんに買いに行くお客様の目線で金魚を描いていたんですよ。金魚屋さんで気に入った金魚を見つけたら、それを描くという。でも僕は、養魚場側の人の感覚なんです。「こんな金魚ができたけど、いかがですか?」と、金魚を卸していく感覚でして、それがギャラリーなんです。金魚がいる中から選んで描く側ではなくて、自分で金魚を作る側の感覚なんです。作品をご覧になった方から「こんな金魚はいないじゃないか?」と言われることもあるんですけど、「いないから描いているんです。つまり新しい金魚を作出しているんです。そもそも金魚の体をした人間でもありますし、魂だけがあって存在していないものを描いているんです」と答えることもあるんですよ（笑）。

解説　金魚の飼育

金魚飼育の基本

金魚は幼少時より身近にあってしかも安価で入手できるものですから「誰でもすぐに飼える」というイメージがあるかもしれません。たしかにその通りですが、最初の一歩目を誤るとあっけなくはかない姿にさせてしまうこともよくあります。

金魚すくいの金魚をすぐに殺してしまって、難しいもの、と思っている方も多いかもしれません。

数百年に渡って飼育されてきた金魚の生態は昔も今も変わりはありません。基本的には同じことですが、昨今の環境変化や新しい便利な器具の発達にともなって、楽に飼育することができるようになってきています。

健康で美しい金魚の姿を長く楽しむためのノウハウを凝縮してみました。

金魚飼育のヒント

金魚は丈夫できれいで長生き、なのですがちょっとした勘所を押さえなければ金魚本来の資質はなかなか発揮されません。飼育の基本前提のようなものを述べておきます。

● 金魚の本質

金魚は生物学的にはフナの一変異種ですから、基本的な生態はフナです。

● 底食性、雑食性

肉食、プランクトン（浮遊生物）食、ベントス（砂中物質）食、いずれの面も兼ね備えています。メダカの稚魚などは食べてしまうこともありますが、積極的に食べるわけではありません。

また年齢とともに草食性も強くなっていきます。生後1年を過ぎると浮草もよく食べるようになります。基本的には水底近くの餌が食べやすいように見えます。

● 温和？

金魚の本にはどれも温和で仲間とケンカしない、と書かれていますが、水槽のような狭い環境で少数（数匹以内）の環境では結構争いがあるものです。

いじめられた魚、あるいはきつくいじめる傾向の魚は別にした方がいいでしょう。金魚にとっても狭い環境はストレスになっ

金魚の皮膚

魚全般にわたって言えることですが、固い鱗に覆われていると思われていますが、魚の表皮はそれだけではありません。そのまわりの＜ぬめり＞粘液まで含めたのが魚の本体と考えてください。

要するに魚の皮膚はナメクジのようなもの、と考えると網で掬ったり、手で触ったり、いきなり浸透圧の違う水に移したり、というのがいかに無謀であるかに気づくでしょう。

一魚一会

改良が進んだ金魚ほど一匹ずつ形、色、模様が異なります。個体識別が一目瞭然である、まさにペットフィッシュの鑑です。

思わぬ所で「あっ！」という金魚に出会う時があります。同じ金魚はふたつといない、この値段、この品種、この体色でこの状態。その金魚やグッピーはそこで買わないと後悔しますよ。

金魚はフナから進化した魚。ときにはそんなことを思い出してみれば、飼育に役立つかもしれない

ているのです。

● 止水性

フナは淡水魚でも川というよりは湖沼の魚です。ウグイ、イワナといった渓流魚よりも区切られた環境での飼育に適しているので、古くから飼われていたのでしょう。そうはいってもまったく止まった水中では水面でぱくぱくと鼻上げして呼吸困難になってしまいます。ゆるやかな水流に逆らって泳ぐのは、はるか昔の野生の痕跡でしょう。

かといって激しい水流だと流されたりフィルターの吸水孔に吸われてしまったり、ということもままあります。扱いにくい貴族ではあります。

● 最適な水質について

金魚は日本で長く飼育され、また日本の水質は大変良質、と言われていたので金魚に適した水質、というのはあまり詳しく触れられたことはないようです。

金魚の産地を見てみると鯉の産地と微妙に違っている、川の下流域に存在しているのです。

つまり金魚は渓流のおいしい軟水よりも下流の溜まり水で比較的硬度がある環境により適しているのだと推測されます。

金魚すくいのよもやま話

幼児がお祭りの絵を描くとその半数以上に金魚すくいが入っています。年齢が低いほどその割合は高まるようです。ところが現在屋台における金魚すくい率（造語）は、減少の一途でおそらく1割以下でしょう。

その一方で、金魚すくいの全国大会が大和郡山で毎年開催されています。

金魚すくいに集まる人々は大別して狩猟民派（捕獲するという作業がひたすら楽しい）と農耕民派（持ちかえって飼育するために掬う）に分けられる、と勝手に思っています。

近年金魚をすくっても持って帰らない、要らないという人が多いのだそうです。12歳の時に夜店で大きなガトウコウをすくったのにもらえなかった悔しさをバネに今がある筆者にとっては、後者をどうしても好ましい目で見てしまいます。

金魚すくいの歴史を調べることは、老後の楽しみに取っておくことにします。

適度な塩分も赤の発色を促進させると昔から言われています。
pHは多くの人が気にするのですが、水中の炭酸ガス（CO_2）濃度などでも変動が大きい、つまり外の青水では植物プランクトンの光合成により昼夜で変化してしまうので、鵜呑みにすることはできないでしょう。ほぼ中性の範囲なら問題ありません。

餌の与え方

金魚の飼い方は人それぞれ、容器も環境も違いますからその人のライフサイクルに合わせればいいのです。つまり品評会を目指して大きく立派にしたいなら、自動給餌機などを使って一日数回目いっぱい食べさせる。あるいは30㌢水槽しかないのなら、餌はごく控えめに1日1回にする、などいかようにもアレンジが可能です。

金魚は飼い主の飼い方に見合う姿になっていくものです。自分の身の丈にあった飼い方をしないと金魚が大きくなったので水槽を大きくしなければならない→飼いきれなくなって里子に出す、あるいは魚が病気になったり死んでしまって早期に飼育を断念せざるを得なくなります。

コイ科の魚の一般的特徴として胃袋がないことがあります。これはいっぺんにたくさん食べられない、少しずついつも食べ続けることが生理的に合っているのです。同じ量を与えるのでもほんの少しずつインターバルをおいて2回、3回と繰り返すことは合理的で効果てきめんです。また乾燥餌では可能であれば直前に水をしみこませて与えると、魚の体内で餌が過度の膨張をしなくなり、消化不良の防止に役立ちます。

金魚においては熱帯魚の飼い方とは違います。金魚の飼育水は温度変化が激しく、金魚の活性が温度によって変わり、消化吸収力がかなり変動することが挙げられます。すなわち季節や気象条件、ライフステージによって餌の量、与え方を変えなくてはいけないのです。古来金魚の餌の量は頭の大きさの3分の1と漠然と言われています。これはごく無難な量ですが、成魚になってからの維持量と考えてよいでしょう。

餌の量を規格化したいのはやまやまですが、非常に多くの変動要素がある、それによっていかようにも金魚は変わるのです。金魚の顔色を見て餌を与える、そのことが肝要です。何十年も飽きない人が多いのもそのためではないでしょうか。たいへん非科学的ですみません。

最良の餌は？

金魚の飼育に最適と言われた生き餌（ア

金魚すくいの金魚はなぜ弱い？

- 幼魚、それも生後2～3ヵ月の乳呑み児のような魚が多い。
- 輸送後すぐに未知の水に過密に入れられている。
- 温度が高い夏で、酸素欠乏気味である。
- 餌も数日ほとんど与えられていない。
- 人の手で追い回される、水も人の手垢や脂で汚れ、水温も体温でさらに上昇する。
- 小さな酸素なしの袋に入れられて縁日で振り回される
- 帰ってからあわてて水槽を用意して、中和剤だけ入れた蛇口から汲みたての水に投入される。

ここまで書けば、どういう状態であるのか、おわかりでしょう。実は金魚すくいの金魚を立て直して飼うのはかなり難しい技であり、幸運も必要なのです。

これに懲りて金魚、あるいはもっと難しい（であろうと一般的には考える）熱帯魚への道を諦めてしまうのは悲しいことです。

ゴールドプロス

ひかり菌とGB菌が水とろ材の汚れをおさえ、梅エキスがコケをおさえるなど8つの機能を持つフレークフード（キョーリン）

5つの力 シリーズ

基本、野菜、色揚げ、胚芽、増体など目的に応じて選べる5つのタイプをラインナップ。ひかり菌他5つの有効成分の働きにより、フンの分解、臭いを抑える他5つの効果を得られる粒状フード（キョーリン）

プロリア色揚げ

鮮やかな赤色の色揚げのための粒状フード。配合された菌の働きにより消化吸収がよく水やろ過槽も汚しにくい（キョーリン）

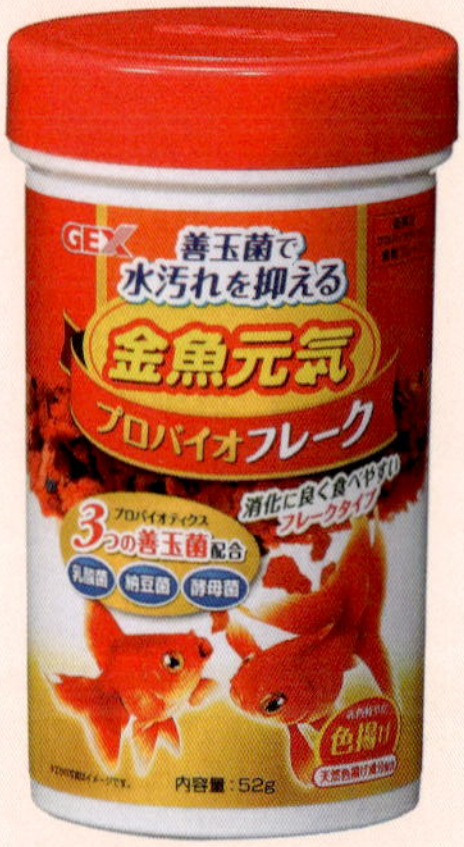

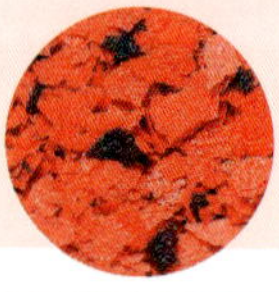

金魚元気 プロバイオフレーク

配合された3つの善玉菌の働きで水の汚れを抑える。消化もよく食べやすいフレークタイプ。赤色を鮮やかにする色揚げ効果もあり（ジェックス）

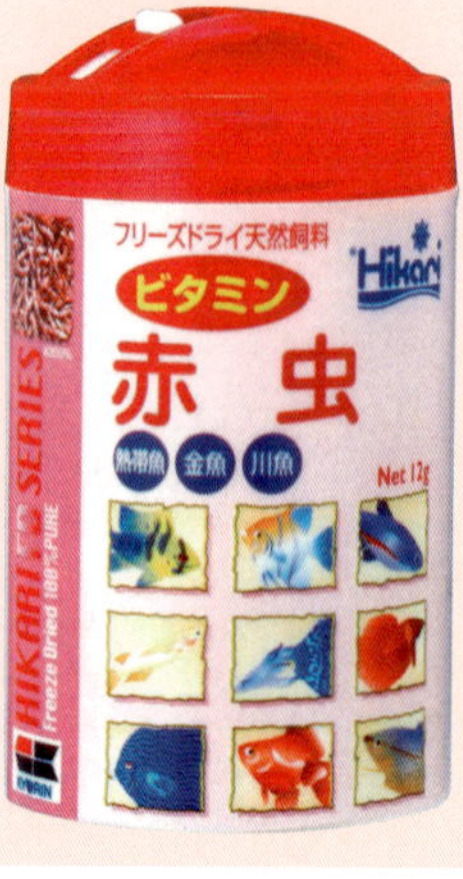

ひかりFDビタミン赤虫

手軽に与えられるフリーズドライのアカムシ。嗜好性が高く、ビタミンも添加されているため栄養のバランスもよい（キョーリン）

クリーン赤虫ミニキューブ

栄養価の高いアカムシにビタミンを添加した冷凍飼料。しっかりと殺菌されているため病原菌を持ち込む心配もない。小さな水槽でも使いやすい少量パック（キョーリン）

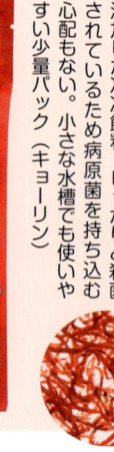

カムシ、イトミミズ、ミジンコ）は環境の変化により非常に稀少で高級な餌になっています。手近でそのような餌が手に入る、あるいは採集可能な方は非常に恵まれていると言えます。

　ですがそれらは長期保存が難しく、冷蔵（凍）庫に保存したりするのですが、食材と一緒にすると普通は家庭争議になります。十分ご協議ください。

　それを補う人工餌はこの何年かで長足の進歩を遂げ、ほとんど人工飼料でも卵から育てることができるようになっていますので悲観なさいませんよう。人工飼料の種類も値段も千差万別です。千差万別一長一短あるので到底この場ですべて語ることは困難です。

　ただ、全般に言えることは、購入後1年以内で使いきるようにすることです。金魚用の飼料は犬猫のものよりも栄養価が高い、つまり変質しやすいものです。かと言って余分に与えていいものでもありません。

　色揚げの餌についても少し触れておきます。

　生物の赤色は体内で生産されるものではなく、カロテンの摂取による外来からのものなので、カナリアや錦鯉では古くから餌によって赤を濃くすることが体験的に行なわれていました。

　錦鯉の餌では特にノウハウがしっかりしていて、赤をより赤く、かつ白を黄ばませない餌が開発されました。その技術を生かして金魚でもかなり効果のある色揚げの餌が発売されています。

　ただし、それは赤系のものだけです。海外には黒や青の色揚げの餌もあるらしいのですが、まだまだかなり怪しげなものです。

　色揚げではありませんが、紫や黄色、緑やピンクに着色した金魚が海外から輸入されることもあります。これらは染色液に漬けたものなので、目新しい蛍光色は次第に色が落ちてしまいます。

　将来は人工培養の無菌な生き餌が安価で供給される時代がくるのかもしれません。

そしてフンの話

　金魚のフンとは意味なく細く長いものの例えにされます。人間も同じですが、フンの観察は健康管理にきわめて有効な情報が得られます。

　理想的な餌とされるアカムシ、イトミミズなどを与えると実はフンの量は非常に少なく、ほとんど吸収して液状のフンを少量排出するだけです。

金魚の寿命

　長くは43年以上生きたというイギリスの金魚の映像がNHKで紹介されましたが、多くは10年前後といわれています。

　しかしながら、現在流通する金魚の多くは明け2歳（満1歳）の若い親から生まれています。金魚は実は満1年で春に大量死することも多く、全ての金魚が長生きの遺伝子を持っているのかどうか、筆者は疑問に思っています。満1歳のヤマを越えた魚は数年は元気でいることが多いようです。

老魚のケア

　5歳以上の高齢になると徐々に動きは少なくなり、水底にじっとしていることも多くなります。体色も鈍くなり、餌を食べる量も少なくなっていきます。

　イギリスのブリストル朱文金の愛好家は親としての任務を終えた金魚を庭の大池に放すのだそうです。

　見た目は悪くなりますが、飼い主にとっては愛着ひとしおになってくるものです。水槽で1対1で付き合うのか、自然（池）に帰して過ごさせるのか、考えさせられる問題です。

また浮草などを食べるとほとんど消化しないでまとまらずに排出されるので水が濁ります。

白く細長いフンは病気の証しと言われますが、実際は本当に具合が悪い時はフンも出ないはずで回復期であることが多いようです。

また餌に含まれる色素に影響されて色が赤くなることもあります。

フンが水面に浮いている場合は、腸内にガスが溜まっているということで植物質が不足の証拠です。

おおむね薄灰色から褐色〜薄黒色までの太いフンなら短くても問題ないといえるでしょう。

こんな金魚は買わないように
・ぼーっと浮かんでいる
・エラが動いていない
・呼吸が速い
・病気の症状が見られる… などなど

どんな個体を買えばいいのか

購入に際してはまず金魚の健康状態に注意することが第一です。金魚は丈夫で飼いやすい半面、病気になりやすく死にやすい面もあります。購入時に健康でない金魚は回復させるのがかなり難しいのです。

● 要注意な魚

・水面に浮かんでボーっとしている。
・水底に沈んで腹を底につけている。
・ヒレをたたんでいる。ヒレが濁っている。
・エラ蓋がまったく動いていない。
・眼が白く濁っている。
・群れから外れている。
・その他明らかに病気の兆候がある。

以上のような症状のものが1匹でもいる水槽からは購入を諦めるくらいに徹底した方があとのトラブルは少ないものです。

でもショップではすべて完全な状態で販売されているとは限りません。輸送の傷みなどによるものは、持ち帰ってからの養生で回復が可能です。

● 回復可能な状態

・ヒレが切れている。
・鱗が剥がれている。
・ヒレ先や体に黒いシミがある（ソブといわれるもので後で脱色します）。

買ってきた金魚のトリートメント

頭や眼や尾が改良されているものほど輸送中の揺れでダメージが大きいものです。

買ってきた、掬ってきた、送られてきた、など、外から招き入れた金魚は1、2週間かけてゆっくりと立ち上げてください。この作業は大変重要です。これをしないと新しい金魚ばかりか、今まで元気だった魚にも思わぬ被害が出ることがあります。

以下に要点を列挙します。

・持って帰った袋ごと水槽に浮かべて15～30分温度合わせをする。
・水槽の水は現在使って調子の良いものよりは新しい水を使用する。食塩を最大濃度0・5パーセント程度にして魚体表面との浸透圧変化のストレスを避ける。消毒用の薬剤（グリーンFゴールドなど）を入れるのも有効。ただし、薬剤にも塩分が含まれている場合もあります。
・水槽の水を少しずつ袋の中に足して急激な水質変化を避ける。
・袋から魚だけを静かに網やヒシャクのようなものでそーっと水槽に移動する。
・餌は翌日から少量与えるが、数分で食べないようなら取り除き、翌日に再びトライ。
・数日しても食欲がでない場合は加温してみる。

輸入金魚や、ショップに入荷したての金魚を購入した場合は特に慎重に行なってください。

トリートメントタンクについて

新しい魚を買ってきて、今ある金魚の泳いでいる水槽にその魚を入れる際には注意が必要。いきなり一緒にしないで、しばらくは新しい魚を別の水槽で飼います。この別の水槽は簡易のものでよく、投げ込み式のフィルターでろ過をして、必要であれば魚病薬や塩を入れて様子を見ます。２～３週間して病気が出ないようであれば、そのときに初めて新しい魚を元からある水槽へ導入しましょう。こうすることで、新しい魚が持ち込む可能性のある病気を、事前に防ぐことができます。

長生きさせる方法

金魚は10年は生きると多くの飼育書に書いてありますが、全部の金魚が10年生きられる能力があるのか、は実際のところ不明です。ほとんどの金魚は1年以内に死んでいると考えられます。その魚の持つ資質はもちろん関係があります。無理な改良をしていない品種、脊椎やヒレの曲がりがないことがまず第一です。その他飼育者側ができることを以下に挙げておきます。

・室内水槽で飼うこと。
・温度は低め（10～20℃）で静かな水流にする。
・餌は腹八分、年齢とともに植物質を多くする。
・水換えは多すぎない、かといって水質の激変は避ける。
・若い時は群れで飼い、徐々に少なくして最後は単独飼育にする。
・途中で魚を足さない。
・品種は和金、コメット、オランダ、青文が長寿の傾向。
・もちろん愛情を持って飼うこと。

最後に「長生きさせる」飼い方と「立派な金魚を育てる」飼い方は、１８０度方向性が異なるということを付記しておきます。

餌は腹八分目がよい！

水槽での飼い方

古い書物にあるように金魚のために1坪（1・8×1・8メートル）のコンクリートの池を持つ、などというのは、もはや叶わぬ夢に近くなっています（苦節40年、筆者もいまだ果たせず。しくしく……）。初心者の基本と言われた60センチ水槽ですら、都会ではなかなか部屋に置かせてもらえないのだそうです。

側線に対して尾芯が45°くらいに立っていると、水槽では調子よく泳ぐ

金魚をガラスの水槽で飼うのは当たり前、と思われるでしょうが、熱帯魚のように水槽で繁殖まで、となると容易にはいかない。供給はやはり屋外産の魚に頼っているのが現状です。

まだまだ金魚の水槽飼育法というのは完壁なものはないのです。そうは言っても水槽飼育の方がむしろ有利な点があることもわかってきました。

水槽飼育（横見）の楽しみ、メリット

● 生活空間にあるので観察しやすく目が届きやすい

朝起きた時から寝る前まで、雨でも冬でもいつでも魚を見ることができます。

● 病気の早期発見がしやすい

掬いあげなくても、全身くまなく観察できる、とくに目や腹部の観察は早期発見に重要です。そして不調の時は夜でも水換えすることができます。緊急時にはほんの数時間が魚にとっては命取りなのです。

● ヒーターなどを使えば温度管理が楽

ガラスの水槽というのは、実は外気の影響を受けやすく寒暖の変化が激しいものなので、熱帯魚のようにヒーターでの加温をおすすめします。これだけで水槽の金魚はがぜん飼いやすくなります。

● 長生きする

犬でも室内犬の方が長生きしますし、カージナルテトラなどアマゾンでは1年魚と思われる熱帯魚も水槽では数年生きています。金魚も同様に長寿金魚の報告例をみると、ほとんどが水槽飼育で記録されたものです。環境激変が少ない、事故が少ないのが理由と思われます。

● 魚と目が合う

上から見る池では水泡眼、頂天眼以外金魚の目を見ることはできません（笑）が、水槽の金魚とはいつもアイコンタクト（？）

ができます。やはり一段と愛情が湧くものです。

水槽飼育に向く品種

● 和金、コメット、朱文金（いわゆる 長もの）、玉サバ

動きが活発で大きくなるこれらの品種には、上部式フィルターの使用をおすすめします。できれば60センチ以上の水槽を用意したいものです。ブリストル朱文金は特に水槽での観賞用に選抜された品種です。

● 琉金、ピンポンパール（いわゆるバルーン系）

愛らしい体型の品種は、横から見るとさらにかわいさひとしおです。なるべく水流を弱く、水深を浅くして転覆に注意する必要があります。

● 丸手オランダ

丸手のタイプは室内でも肉瘤が出やすく扱いやすいです。体長より体高の高いもの（オムスビ型のもの）はやはり転覆に注意しましょう。

● 青文、茶金

これらは池では地味な色で目立ちませんが、水槽では腹部まで明るく照らされて、反射光で輝く鱗や腹ビレの美しさは特筆に値します。

● キャリコ、サクラ系のモザイク鱗の品種

艶消しの透明鱗の中にキラキラ光る普通鱗の混じったモザイク透明鱗の品種は、水槽ではなるべく普通鱗部分の多い魚を選ぶとよいでしょう。浅葱《あさぎ》と呼ばれる背側の青い部分は、室内では白くなってしまいがちです。

新品種の三色（赤黒白あるいは五色）タイプは水槽飼育で特にきれいです。

● ナンキン

ランチュウ型の品種ではナンキンがいちばん水槽飼育向きです。もちろんランチュウが水槽飼育できないわけではなく、瘤が立派な魚を育てるにはやや不向きだということです。

● 東海錦

蝶尾よりもスリムな体型で、広さに比べ水深の比率が大きいガラスの水槽でも元気に上下します。大きく立った背ビレが非常にきれいに見えます。

個体差について

上から見て素晴らしい魚でも横から見ると必ずしも美しいとは限りません。もちろんどの方向から見ても隙がなくて完璧な金魚もいるのですが。その確率が低いのは人間と同じです。

しりビレの不揃いや側線の曲がりなど上

水槽飼育には よいことも多い　・目がよく届く　・温度管理が楽　・魚と目が合う！…など

投げ込み式フィルター

エアチューブにつないで水槽底面に置くだけの手軽なフィルター。送気により水を循環させるので酸素不足にもなりにくい（エイトコアＬ／水作）

水槽（水槽セット）

金魚飼育のスターターセット。ガラス水槽の他エアチューブ、フィルター、エアポンプ、カルキ抜きなどがセットされている。初めてならこういうセットが迷わなくてよい（ニューきんぎょファミリーＳ／水作）

エアポンプ

エアレーション（ぶくぶく）や、投げ込み式など送気で動くフィルター用に。金魚飼育では一つは持っておきたい器具（水心／水作）

上部式フィルター

水槽の上部に置くタイプ。揚水ポンプで稼働する。ろか容積が大きく、酸素も取り込みやすいので、金魚飼育にも向いている（デュアルクリーン 600SP／ジェックス）

外掛け式フィルター

水槽の壁面にかける手軽なタイプ。揚水ポンプで稼働する。ろ材となるパックが汚れたら取り替える（簡単ラクラクパワーフィルターＭ／ジェックス）

ヒーター

冬場も保温すれば活発に泳ぐ金魚を観賞できるし、転覆病の予防になる。写真は金魚用で熱帯魚と比べて低めの温度（18℃）に設定されたもの（金魚元気 オートヒーター 55／ジェックス）

ライト

観賞のために。1日6～10時間点灯するのが普通。24時間タイマーに接続して、金魚にも規則正しい生活を（CLEAR LED POWER Ⅲ 600／ジェックス）

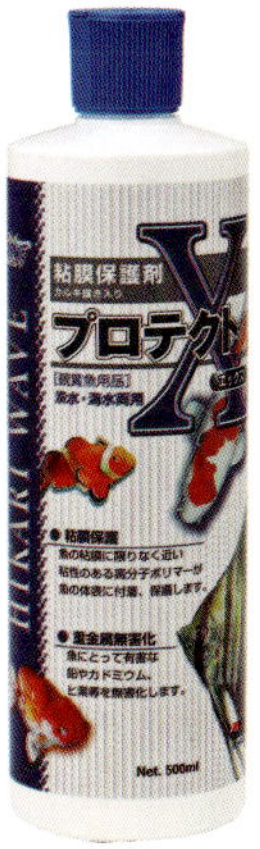

粘膜保護剤

魚は体表の粘膜に異常があると、体調をくずしやすくなる。写真の商品は、魚の粘膜に近い高分子ポリマーにより、金魚の体表を保護する効果がある（プロテクトＸ／キョーリン）

カルキ抜き

水道水の塩素を無害化する。写真の商品は他に粘膜保護成分も配合している（金魚元気うるおう 水づくり／ジェックス）

底砂

よく食べる金魚の飼育では砂の間に汚れがたまりやすいので、洗いやすい大きめの粒の砂利が向く（水槽の底砂 新五色石／水作）

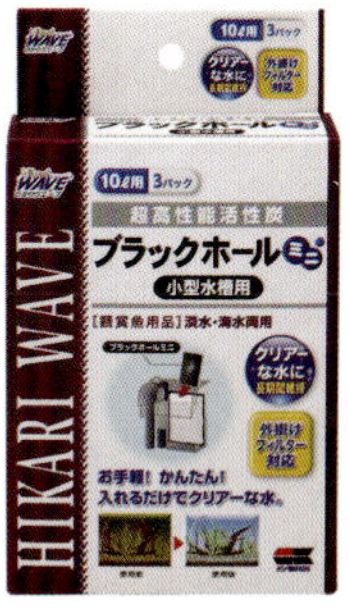

活性炭

餌に由来する成分などで水槽の水には色がつくこともある。また、ろ過が不足していると、水が臭うこともある。水槽の水を透明にしたり、臭いを抑えるのには活性炭が有効。ろ過槽などにセットして使用する（ブラックホール ミニ／キョーリン）

ろ過バクテリア

特に水槽セット初期など、水槽のろ過が安定していない時期に投与するとよい（ベストバイオプレミアム ハイブリッドバクテリア HB-3 ／ジェックス）

からは気にならなくても水槽で側面から見るとやっぱり目につきやすいところです。多少、尾の開きは悪くても尾の上部のライン（尾芯）が体の中心線（側線）に対し45度上方に立っているものが水槽内では調子よく泳げ、安心して見ていられます。

水槽飼育での注意点

● 色が薄くなる

室内の水槽では金魚の鮮烈な赤色は徐々に褪めていく傾向は否めません。この原因には、餌となる植物プランクトンの不足、紫外線不足、側面からの反射光による影響など複数の原因が考えられます。色揚げ効果のある餌もかなり良質のものが出てきましたが、それだけでは十分とは言えないわけです。できれば金魚の水槽にも水草用の強力な照明を使うのも一考かと思われます。少なくとも昼間の間は、金魚の水槽にも照明を点けておくことをおすすめします。また観賞する面以外の側面を遮光するのも大事です。

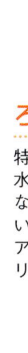

● 肥満、転覆

　植物プランクトンがほとんど発生しない室内の水槽では、金魚は慢性野菜不足の状態であると言えます。そして狭い水槽では運動不足。室内水槽ではメタボリックになる条件が揃っています。丸型の金魚を飼う場合は特に注意が必要です。

● レイアウト

金魚は大変高度に改良された人工的な表皮を持つものも多く、水草が擦れることでさえ傷つきやすいものです。水草を植える場合も密植は避け、3分の2以上は泳げる空間を残してください。カラーページでは背景に水草をたくさん植えた水槽で撮影していますがあくまでも撮影用のもので、この状態で長く維持するのはかなり難しいということを念頭に入れておいてください。

水槽での飼育器具各論

● 底砂

水槽立ち上げ当初は魚を落ち着かせ、水質を安定化させます。しかし多量の餌を食べ水を汚す金魚の水槽では、その効果に期待するよりも頻繁な換水が必要です。その際にだんだん邪魔に思えてくる場合が多いかもしれません。

金魚は底砂をバクバク口に入れる習性があるので、あまり細かいものよりは小石位に大きい方が見た目にもうるさくないでしょう。水質安定力は細かい方が勝りますが、金魚水槽では目詰まりしやすく掃除が大変になります。

● フィルター

たくさんの種類のフィルターがあり、迷ってしまうことでしょう。筆者はずばり、金魚には上部式、あるいは外掛け式のものをおすすめします。

その理由は

・ろ材のみの洗浄が楽であること。
・曝気《ばっき》効果（水を攪拌させて酸素を溶かしこむこと）もありエアレーション（ブクブク）の必要がないこと。
・モーター式のためろ過能力が優れていること。

欠点としては

・丸型金魚には水流が強すぎてしまう場合がある。
・たくさんの水槽の場合にコストが高くなる。

などが挙げられます。

金魚の水槽においては〝水換え不要〟というような完璧なフィルターはありません。金魚の旺盛な食欲に伴う膨大な排泄物を、完全に分解することは現時点では不可能です（おそらく当分の間そんなものはできないでしょう）。

金魚の健康と成長には頻繁な水換えによって新鮮な水を供給するのがいちばんです。

● 保温器具

熱帯魚用のヒーターはぜひ入れてください。4面がガラスの水槽は外気の温度変化を伝えやすく、それによって体調を崩すことが多いものです。保温器具とエアレーションは最低条件であると言えるほどです。温度設定は熱帯魚よりも低めの15℃か

外出時はどうする？

ペットの飼育者にとっては長期の不在時の管理は切実な問題です。

こと金魚に関する限り、その心配はほとんど不要です。1週間程度ならそのままで十分です。水中生物は消費カロリーが少ないので絶食でもほとんどダメージはありません。むしろ外出前にその分の餌を投入していくのは、残った餌が水中で腐敗し、最悪の結果になりかねません。

屋外ならもっと長期の絶食でもプランクトンを食べているので魚はそれほど変化ないものです。

それと念のためですが、フィルターやポンプの電源は切らないでお出かけくださいね。

ら20℃で十分です。

● 水質調整材、ろ過バクテリア

たくさんの種類が出ているので、そのすべてを使用して把握することは不可能でしょう。ひとつ言えることはまったく新しい水槽、全く新しい水、買ったばかりの砂、揃ってきた金魚、という最悪の条件の場合は、非常に有効であると考えられます。水道水の残留塩素（カルキ）を除去するだけではなく、金魚の皮膚にやさしいビタミン、ミネラルが有効なのです。

水草

金魚の水槽レイアウトは控えめに、とすでに書きました。金魚は確かに水草を食べますが、まったく水槽での金魚と同居が不可能なわけではありません。以下に育成のポイントを述べます。

● 十分な照明量と時間

金魚の水槽では照明がない場合も多いようですが、高価な水草用のライトではなくても水槽の長さのライトを1灯あるいは2灯、8時間ないし10時間程度が必要です。

● 肥料の補給

金魚の大量の排泄物には餌の蛋白質の分解産物により窒素分、燐酸など肥料分は十分すぎるほどで、それなのに水草が枯れるのはカリウム欠乏がいちばんの原因です。水草用の肥料はこれらのバランスを考慮し、微量元素も添加してあります。

● 水草の選定

金魚が大好物の水草ももちろんあります。アンブリア（キクモ）、アマゾンソードの水中葉などは筆者の経験ではいちばんに食べられました。これらを金魚とともに育成するのはかなり困難でしょう。

マツモ、アナカリス、クロモ、アマゾンフロッグビット、が現在のところ筆者の推奨するものです。ちなみに「金魚藻」として売られているカボンバは、実はかなり水槽では育成の難しい種類なのです。

根のある水草は砂を掘り返されないような対策が必要です。アヌビアスなどの硬い葉のもの、コウホネ、スイレンの類はあまり金魚は好んで食べないようです。

● 岩、流木、アクセサリー類

古くは水車とか太鼓橋とか、水中の人工的アクセサリーは、実はコレクションしたら面白いかもしれないほどたくさんあります。眉をひそめる人も多いかもしれませんが、人工的生物の権化である金魚の水槽には意外にも似合ってしまう場合があるのです。

あまりたくさん入れすぎないこと、先の尖ったもの、水質に影響のあるようなもの（金属、特に銅は禁、硫黄分も禁）なら一般のものでも投入可能です。

流木は金魚の生態、水質への影響（軟水、褐色水化する）などを考えるとあまり適していないと言えます。もちろん入れたからといってすぐに生命の危険があるわけではありません。

水草を食べてしまう金魚の飼育の飾り付けには人工水草がおすすめ。最近では本物と見間違えるようなリアルな商品もある（右・金魚水景アンブリアM、左・金魚水景バコパM／ジェックス）

屋外での飼い方

金魚ばかりではなく、すべての生き物は本来十分な太陽光のもとで育った方がいいに決まっています。金魚も何百年もの間、池で飼われてきた魚です。

本来は中国華南が原産の金魚にとっては、日本の四季の温度変化は必ずしも得意ではないのです。変温動物ですから温度によって動きや食欲が変わるので、四季折々、あるいは日々の天候によって管理の仕方も加減する必要があります。

正念場の春

金魚は水温が上がるとともに徐々に餌の摂取が多くなります。水底にはヘドロのような汚れがたまっています。猫に盛りがつくころから（笑）気温が15℃を超えるような暖かい日にそーっと底水だけ（最大でも3分の1くらい）を吸い出し、新水を加えます。

沈下性の消化のいい餌をごく少量、暖かい日に与えます。まだまだ春浅く冷え込む日には餌はやりません。ゆっくりゆっくり、行きつ戻りつ立ち上げていくことが大事です。

急に温度が上がるといきなり産卵行動をとる場合もありますが、魚の体力が十分でないのでオスとメスを分けておきます。

春先は金魚の大量死がおきやすい時期です。魚の体が不安定で、水温変動により冬場からの古い水が急速に悪化しやすい、病原菌も活動期に入る、産卵によって体力が消耗する、などの原因が考えられます。

また、春は外敵の被害に遭いやすい時期です。産卵期のおいしそうな魚がふらふら水面に上がってきているのですから。ネコ、サギ、イタチ、アライグマ、カラスなどに選りすぐりの金魚を根こそぎ獲られた時の絶望感といったら……気をつけましょう。もちろん野生生物に罪はないのでしょうけれど、一瞬人柄が変わります。

夏の飼育

魚を大きく育てられる季節！
どんどん水換えを！

春の飼育

調子を崩しやすい時期でもある。
慎重に立ちあげよう

夏は怒涛の水換え

産卵が終わって、梅雨が終わるまで金魚のテンションはもうひとつ上がりません。

春先に一度ピークがきて、一度下がる感じで、この時期に調子に乗って餌をやると急激に夜間に冷え込む時があって体調をくずします。産卵期後は餌を極力控えめにして

青水の秘密

屋外で魚を飼っていると次第に水が緑色になってきます。海外では green water といいますが､日本では青水（あおみず)。蒼水からきたものでしょう。排泄物中のアンモニア性窒素を吸収する植物性プランクトンが、少量発生している状態です。

先人の言う<メロンのような青水>が魚にとって最高とされています。30cm ほどの水底に沈んだ白い皿が見えるか見えないか、というくらいです。

外周にもコケがついてきますが、これを落とさない方が調子はいいものです。しかし、あまり長く放置するとコケの質が変化して、水の色は褐色あるいは透明になります。これは繁殖している微生物の種類が交代したことを示すもので、環境変化のサインです。特に水換えしないのに水が透明になった時は要注意です。

緑藻類のうちどの種類が魚に好影響（色揚げ、肉瘤促進、健康増進）を与えるのかはまだ不明です。水の色で魚の状態を見ながら管理ができるようになったら、この世界では一人前を超えたといえるでしょう。

冬の飼育

金魚は冬眠。特に何もすることのない季節。
家で本を読むなどしよう

秋の飼育

金魚の調子がよい季節。
冬に備えてたくさん餌を与えよう

おきます。

梅雨が明けて気圧が安定してきたら、もう大丈夫、どんどん餌をやり、どんどん水換えしましょう。池の面積と酸素の補給が十分ならば成長は速いです。

一方、水を長く持たせ、餌を控えめにして引き締めて飼うこともできます。この場合はあまり青水が濃くなると尾が焼けるといって尾先が出血したり、破れたりします。水換えができないときは餌やりを止めたり、差し水でしのぎます。

水深は深めにして、日中の水温上昇を抑えます。

陽覆いは中が蒸れすぎないように、覆いすぎるとプランクトンが急死して透明になる場合があります（要注意）。

秋まではいけいけ

秋は夏からの勢いそのままですが、気温の上昇が極端ではなくなるので水換えのサイクルも開けられてやや楽になってきます。高水温での体力消耗がなくなるので、餌をやればやっただけ成長する感じです。

冬を乗り切る体力をつけるため十分な皮下脂肪を蓄える時期なのでしょう。どんどん餌を食べ、調子を崩すことも非常に少ない時期です。新たな金魚の購入時期としてももっとも適切な時期といえます。

しかしながら、外からやってきた金魚は思わぬ病原菌あるいは自家とは違うバクテリア群を持っている可能性が高いので、今までの魚と一緒にするまでには十分なトリートメント期間をおいてください。

品評会に出品した自分の魚も同様で、短期間といえども外に持って行くと、体表粘膜には損傷が起きています。そこに他所の魚や網、人の手などから間違いなく異種細菌を連れて帰ってきていると思ってトリートメントしてください。

睡蓮鉢での飼育

ビオトープの普及で素敵な睡蓮鉢が販売されるようになりました。

多くはメダカを入れて楽しんでいますが、金魚を入れても風情があるものです。

睡蓮鉢は金魚にとっては水量が少ないのでエアレーションが必須になります。やっぱり水草を入れて楽しみたいので金魚は当歳の小さいものが適当です。餌をなるべく少なめに、水換えもなるべく少なくした盆栽飼育を心がけます。

金魚は鉢にあった大きさにしか育ちません。金魚鉢とはよくぞ言ったものです。

我慢の冬

文化の日（11月3日）を過ぎ気温が10℃を切り、水に手を入れるのが嫌になる時が餌やりを中止する時期です。ある日突然、というわけではなく、天気のいい暖かい日に魚が動いていれば少量の餌を与え、冷え込んだ日は止めてしまいます。そうやって徐々に冬眠モードにしていきます。

屋外の魚は冬季でも水中のプランクトンを食べているので黒いフンをしています。ですから、屋外でもフィルターをしている場合は、冬には電源を切ってください。水が濁りますが餌と考えてください。水清ければ魚棲まず、です。

冬季に餌をやっても食べないことはないのですが、消化器の機能が低下しているので、消化不良や転覆のもとです。

屋外ヒーターを設置していたり、温室内のような恵まれた環境、温暖な地方ではこの限りではありません。

雪を池に入れると急激に水温が下がり、また積雪量が多いと金魚が氷漬けになって死んでしまいますから、その前には覆いを掛けます。それ以外の時は日光に当てた方がプランクトン（冬季の餌、保温機能）の発生が促進されます。

屋外だけの飼育だと、冬場はじっくり書物を読んだり、英気を養う期間なのですが、寂しい場合は室内水槽を設置して楽しんでください。

長く、つらく、寂しい冬を経験すると春の歓びもひと際感じられるようになります。忘れ去っていた風向きや春の香りなど些細な変化にも気付くようになります。

ベランダ、屋上での飼育

屋外といってもなかなか地面の上に金魚の池、というのは叶えにくいことも多くな

ミニ金魚のすすめ

ミニ柴、ミニチュアダックス、ミニウサギ、ミニ盆栽などペット業界は小型化が趨勢だと思われるのですが、金魚、錦鯉に関してはまだジャンボ化して自慢している傾向が強いようです。金魚鉢で金魚が飼えないのは、販売されている金魚鉢がそのままなのに金魚ばかりが栄養がよくなって大きくなってしまったのも原因ではないかとも思われます。

都会では大きくなるから、と金魚を敬遠する人も多いと聞きます。育て方、系統によっては大きくならない魚も存在するのですから、そちらの方向への改良も期待したいものです。

屋外でよく使われるトロ舟を使った飼育例。投げ込み式のフィルターを入れただけのもの。これで金魚は飼える。トロ舟には各サイズがあるから、金魚のサイズや飼育スタイルによって選ぶとよい

りました。
ベランダ、屋上などでは陽当たりは申し分ないのでしょうが、コンクリートからの輻射熱をどうしのぐかが大きな問題になります。可能であれば台の上に飼育槽を設置し高床式にするか、最低限飼育槽の下部や周囲に断熱シートを敷いて水温上昇を極力抑えます。これらの場所では昼間の水温上昇と夜間の冷え込みによる一日の温度差を少なくすることが重要です。

直射日光を防ぐ陽覆いも多めにしたいですが、風で飛ばされないような工夫もしておきましょう。

地球温暖化対策には屋上緑地化に加え、屋上金魚池化運動も推進したいものです。

地域によるアレンジ

これまでの書物に書かれてきた飼育管理法は主に東京近郊あるいは関西地方の気候を念頭にしたもので、地域によって気候風土、水質にはかなり違いがあります。例えば温暖な東海地方では夏場にほとんど覆いをしたまま育てたり、山陰のナンキンの池では水深が60センチもあったり、玉サバは錦鯉の池で飼ったりと、長年の経験でアレンジがなされています。屋外飼育の場合は特に外気温の影響が大きいので、その土地に合った飼育管理方法の詳細は、やはり地元の愛好会に加入してベテランの飼育家にうかがうのが最もよいでしょう。

屋外飼育と水草

夏場の水温上昇を防ぐのに水草、特に水中に根を張り陸上に葉を伸ばす抽水型の植物はまさに最適といえます。日本産のコウホネ、クワイ、ハナショウブなどといったおなじみの植物に加え、外国産のエキノドルス、アヌビアス、スパティフィラム、パピルス……ほとんどの熱帯産水草は夏の間鉢植えにして金魚の池に放置すると見事な葉を水上に展開し、花が咲くことも多いです。スイレンやウォーターポピーの花を多くつけるには鉢の中に固形肥料の添加が必要になります。金魚の新しい楽しみ方として提案しておきます。

ただし、この場合に飼育する金魚は和金、琉金など、あまり顔に装飾のないものが適当で、その場合でも品評会目当ての飼育とはまったく違うものである、と言っておきます。

熱帯産の水草は冬季に枯れてしまうものが多いので、秋には室内に取りこんでください。屋外で活力を取り戻した水草の丈夫さにきっと驚くでしょう。

コインウォーターチェーン（ヒドロコティレ）など日本の冬でも難なく耐えて種を飛ばしてしまうものは、しっかりと管理して

金魚バカ一代

著名な陶芸家で一代で独自の京都式の<宇野系らんちゅう>を創り上げた故宇野仁松氏は常々<金魚の改良はバカ（原文通り）が３代続かなあきません>とおしゃっていました。確かに独自の金魚を作出して固定してさらに発展させるには人間の一生では足りないのかもしれません。

ところが金魚の愛好家はなかなか親子の趣味にはなりにくいもので、かつて仲間うちでは愛魚家飛び火遺伝法則とふざけていたものです。親族や近所に飛び火する可能性が高く、あまりにのめりこみすぎた家族を見ると多くの場合は冷めてしまって、紺屋の白袴状態になるようです。

ほどほどに留めて家族皆で楽しんでいただきたいものです。

ください。流出して野生化すると有害外来植物の指定を受けたりして、せっかくの素晴らしく魅力のある草を楽しむことができなくなります（かつて、ミズヒマワリは水草として楽しんだものですが、残念なことに商取引が中止されてしまいました）。

土佐錦用の丸鉢

個々の品種によるアレンジ

多くの飼育書にあるような屋外飼育池での基本（水深30㌢以内の浅い叩き池での青水飼育）は、初代石川亀吉氏により１００年以上前に普及啓発されたランチュウの飼い方が基本になっていると考えられます。

その後個性ある品種が続々生まれていて、それらに普遍的とは言いがたくなってきたと思われます。

● 土佐錦

独特な反転する尾は、当歳の時に丸鉢で飼育することでより立派になることが最近では通説になっています。

● オランダ獅子頭

背ビレもあって大型化する品種ですからランチュウ池では背中が出てしまいます。背ビレのある品種はもう少し水深のある池で飼う方が背ビレも立派になります。

● キャリコ体色の品種

背中に浅葱《あさぎ》（青）色があるのが魅力で夏季の高水温や直射日光下では、この色が抜けてしまったり黒く焼けた色になってしまいます。いったん色抜けして白くなった部分はほとんど元には戻りません。夏場の涼しいところ、あるいは遮蔽物をより多くする必要があります。

● 蝶尾、ブロードテール

優美で長い尾の品種は青水が濃くなると尾が充血したりガス病になりやすく、こうなるとその後ヒレは再生しますが、立て直しに時間がかかります。水換えを早めに極力透明な水で飼いたいものです。

● 和金、コメット、朱文金、玉サバ

一枚尾の品種は非常に活発で飛び出し事故が多いです。水深は深め、外壁の立ち上がりを高くすべきです。水流があった方が元気がよく、同じ大きさの鯉と一緒でも平気です。

● 琉金、ピンポンパール

脊椎の数が少ない（？）いわゆるバルーン系の品種は水深が深いと腹を上にしてひっくり返りやすいです（転覆）。水深は極力浅くした方がトラブルは少ないでしょう。体型は似ていますが、ナンキンは決してバルーン体型ではなく、脊椎は正常です。気候風土もありナンキンは水深を深くして飼います。

コラム

退色《たいしょく》（褪色）について

成長、老化にともなう退色

通常見かける赤い金魚は生まれた時から赤いのではなく、最初はフナと同じ色をしていて生後2ヵ月くらいから腹側から色が抜けて黄色くなり、だんだん赤くなっていきます。これを退色と呼びます。退色が始まると1ヵ月ほどで完了しますが、開始時期は系統や水温、個体差により変動が大きいのです。

例えば小赤や丹頂は退色が早く生後1ヵ月くらいから始まりますが、津軽錦や土佐錦は生後1年過ぎてもフナ色のままのものが少なくありません。青文や黒出目金では2、3年経ってから退色が起きて色が抜けていくこともあります。大きくなってから退色するものは終息するまで少し時間がかかるようで、その途中の模様変化に一喜一憂するのも楽しいものです（羽衣秋錦やパンダ蝶尾など）。

退色した金魚が黄色からだんだん赤くなる、あるいは茶金が徐々に茶色が濃くなるのは植物プランクトンや色揚げ飼料のカロテンの摂取による黄色色素の沈着と紫外線によるメラニン増殖によるものです。

また老化現象や室内飼育での紫外線不足によりメラニンはだんだん分解排出されるもので4年以上の老年魚では色が再び褪めてしまう、丹頂の赤が抜けてしまったり、というのもままあることなのです。

透明鱗、アルビノでも退色は起こる

透明鱗の金魚では退色が顕著には起こりませんが、最初からきれいな色をしているわけではなく、白っぽい、あるいは青っぽい色をしていて徐々に黄色の部分が増えていきます。キャリコ模様の金魚では浅葱《あさぎ》と言われる青い部分が珍重されます。青く見えるのは黒色色素が表皮の深部に存在するためで、2〜3年すると黒が浮き出てきたり、白く色が飛んでしまうことも多いです。

近年増えてきた紅葉〜という品種群は網透明鱗と呼ばれているもので、これは透明鱗ではありませんが、ふ化当初は普通鱗のものと同じく黒い色をしていて退色が起こるタイプの透明鱗です。

アルビノや茶色の金魚は、メラニンが先天的に少ないものです。ふ化当初は白っぽく、明らかに他の品種と区別ができます。成長にしたがってだんだんに色が出てきます。アルビノのうちでも在来の赤目系と輸入金魚系のアルビノ系は、メラニンの量が違っていて別の遺伝子によるものです。茶色の品種はグッピーでいえばゴールデンに相当するものです。

らんちゅうの退色

①生後２ヵ月半ほどのランチュウの仔魚たち。まだ体色は黒く、このような状態の魚を黒仔と呼ぶ。6月9日撮影

②徐々に色が抜けて、赤っぽい色が見えてきた個体もいる。この状態を「虎ハゲ」と呼ぶ。6月16日撮影

③退色が進み、黒がほとんど抜けた個体もいる。6月20日撮影

④数匹の黒が抜けた。更紗模様がわかる個体も。6月27日撮影

⑤ほとんどの個体で色が抜けた。7月8日撮影

⑥赤もしっかりと表れ始め、ランチュウらしい姿になってきた。7月20日撮影

金魚を見に行こう その4

ちびっこも受賞。家族で参加しよう！ T.I

たくさんの花に囲まれた会場 T.I

静岡県金魚品評大会

主催／静岡県西部観賞魚組合

毎年9月、金魚の生産地として知られる静岡県にて開催される。歴史のある大会で、出品魚も多く、レベルの高い金魚が多く見られる。部門は「親魚の部」と「当歳の部」、さらには小学生以下の出品者のみを対象にした「ジュニアの部」も設けられているのがおもしろい。会場の浜松市フラワーパークは花のテーマパークでもあるので、家族揃って訪れるとよいだろう。

秋の陽を浴びて輝く金魚たち T.I

2016年の大会で4席・県議会議員賞を獲得した地金 N.O

Hikari
きんぎょのえさ
5つの力
自社生産
選ぶなら国産
ひかり菌
納豆菌
乳酸菌
酵母菌
梅エキス
おなかの中から健康をサポート
5大効果!!
フンを分解
にごりを抑える
水のニオイを抑える
善玉菌を毎日プラス
コケの原因を減少
ひかり菌
納豆菌
5つの力で腸元気
乳酸菌
梅エキス
酵母菌
国産戦隊 きんぎょ5
基本食
エコノミー戦士
エコブルー
野菜
ヘルシー戦士
ベジグリーン
色あげ
カラー戦士
ピカピカレッド
胚芽
メディカル戦士
ケアオレンジ
増体
ジャンボ戦士
メガブラック
金魚、健康。水キレイ
初めての金魚飼育に
お値打ち価格
水草が大好きな金魚に
健康志向
キレイな赤色にしたい
温度が低い時や調子が悪い時に
大きくしたい
栄養バランスを上質に。
大きくなりにくい丸い金魚におすすめ
組み合わせて使ってみてね!!
大好物がいっぱい!!
あなたはどの組み合わせ?
基本食と色あげに中粒タイプ新発売!

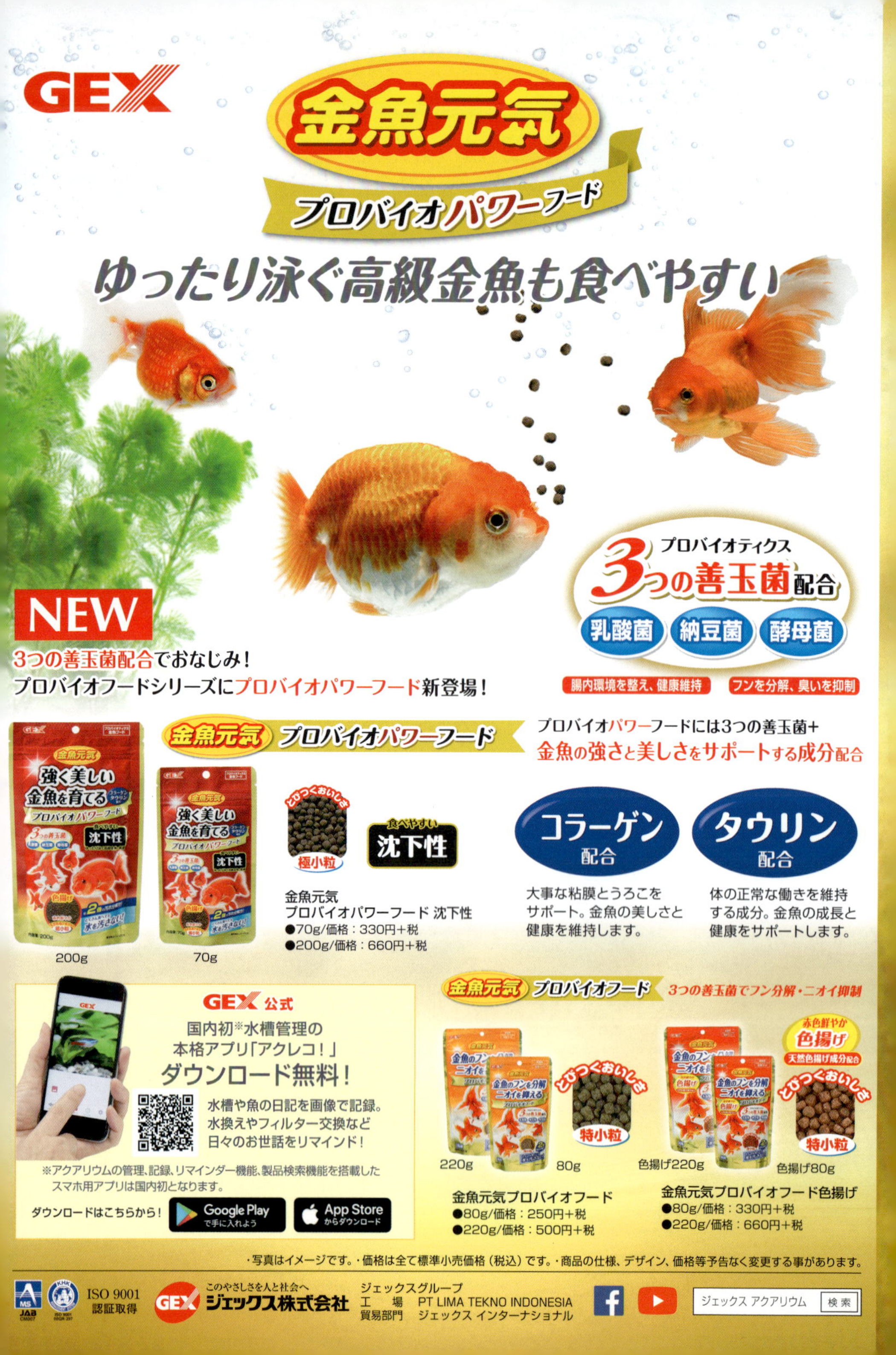
GEX
金魚元気
プロバイオパワーフード
ゆったり泳ぐ高級金魚も食べやすい
プロバイオティクス
3つの善玉菌配合
乳酸菌
納豆菌
酵母菌
腸内環境を整え、健康維持
フン を分解、臭いを抑制
NEW
3つの善玉菌配合でおなじみ！
プロバイオフードシリーズにプロバイオパワーフード新登場！
金魚元気 プロバイオパワーフード
プロバイオパワーフードには3つの善玉菌+
金魚の強さと美しさをサポートする成分配合
強く美しい金魚を育てる
沈下性
200g
70g
とびつくおいしさ
極小粒
食べやすい
沈下性
金魚元気
プロバイオパワーフード 沈下性
●70g/価格：330円+税
●200g/価格：660円+税
コラーゲン配合
大事な粘膜とうろこをサポート。金魚の美しさと健康を維持します。
タウリン配合
体の正常な働きを維持する成分。金魚の成長と健康をサポートします。
GEX 公式
国内初※水槽管理の
本格アプリ「アクレコ！」
ダウンロード無料！
水槽や魚の日記を画像で記録。
水換えやフィルター交換など
日々のお世話をリマインド！
※アクアリウムの管理、記録、リマインダー機能、製品検索機能を搭載したスマホ用アプリは国内初となります。
ダウンロードはこちらから！
Google Play で手に入れよう
App Store からダウンロード
金魚元気 プロバイオフード
3つの善玉菌でフン分解・ニオイ抑制
金魚のフンを分解 ニオイを抑える
とびつくおいしさ
特小粒
220g
80g
赤色鮮やか
色揚げ
天然色揚げ成分配合
とびつくおいしさ
特小粒
色揚げ220g
色揚げ80g
金魚元気プロバイオフード
●80g/価格：250円+税
●220g/価格：500円+税
金魚元気プロバイオフード色揚げ
●80g/価格：330円+税
●220g/価格：660円+税
・写真はイメージです。・価格は全て標準小売価格（税込）です。・商品の仕様、デザイン、価格等予告なく変更する事があります。
ISO 9001
認証取得
このやさしさを人と社会へ
ジェックス株式会社
ジェックスグループ
工　場　PT LIMA TEKNO INDONESIA
貿易部門　ジェックス インターナショナル
ジェックス アクアリウム
検索

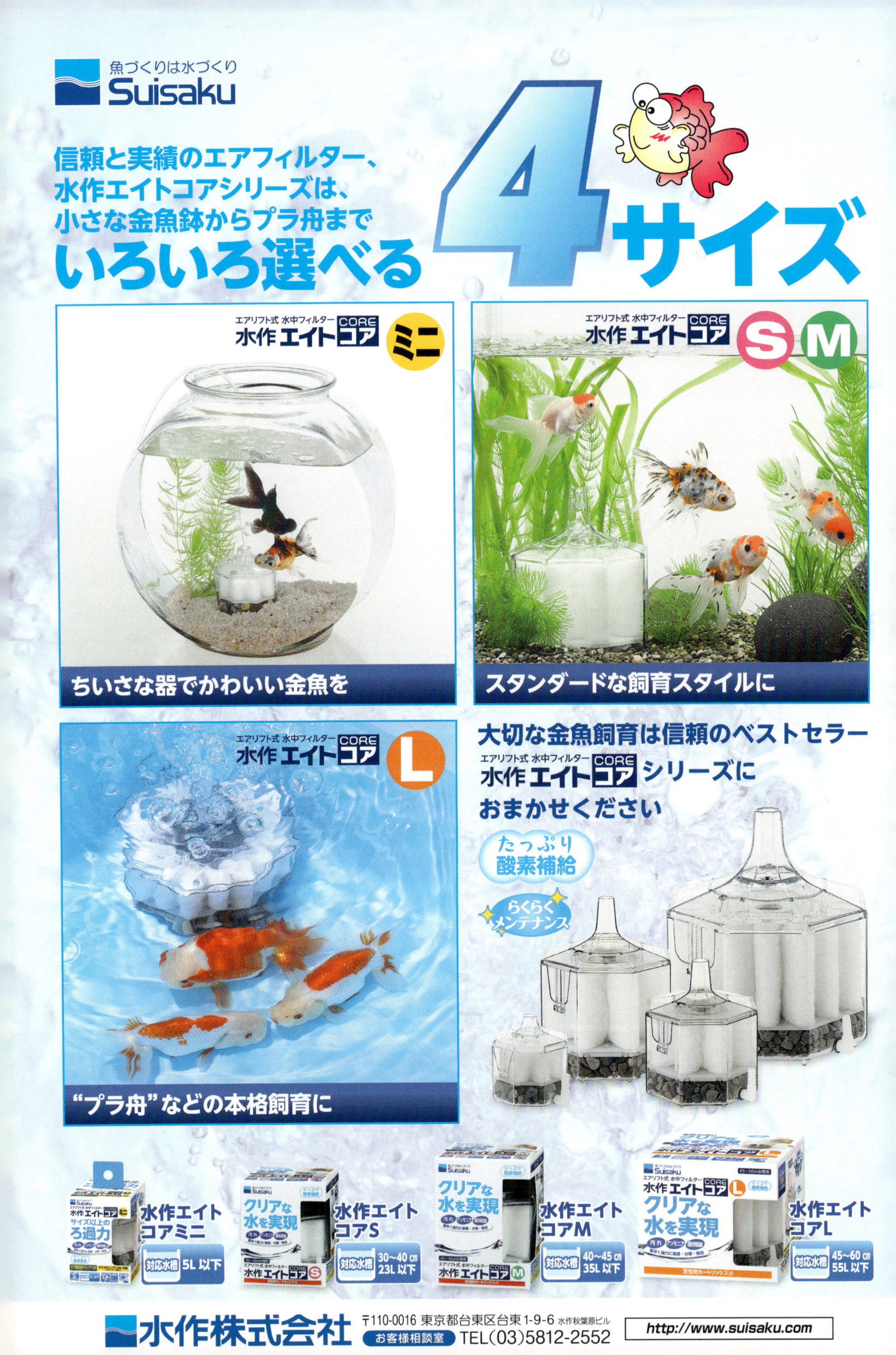

魚づくりは水づくり
Suisaku
信頼と実績のエアフィルター、
水作エイトコアシリーズは、
小さな金魚鉢からプラ舟まで
いろいろ選べる4サイズ
エアリフト式 水中フィルター
水作 エイト CORE コア ミニ
ちいさな器でかわいい金魚を
エアリフト式 水中フィルター
水作 エイト CORE コア S M
スタンダードな飼育スタイルに
エアリフト式 水中フィルター
水作 エイト CORE コア L
“プラ舟”などの本格飼育に
大切な金魚飼育は信頼のベストセラー
エアリフト式 水中フィルター
水作 エイト CORE コア シリーズに
おまかせください
たっぷり
酸素補給
らくらく
メンテナンス
水作エイトコアミニ
対応水槽 5L 以下
水作エイトコアS
対応水槽 30~40 cm 23L 以下
水作エイトコアM
対応水槽 40~45 cm 35L 以下
水作エイトコアL
対応水槽 45~60 cm 55L 以下
クリアな水を実現
サイズ以上のろ過力
水作株式会社
〒110-0016 東京都台東区台東 1-9-6 水作秋葉原ビル
お客様相談室 TEL(03)5812-2552
http://www.suisaku.com

繁殖の楽しみ方

金魚の繁殖は飼育器具や餌が進歩した現在は難しいものではなくなりました。少しコツがわかれば誰でも楽しむことができます。しかしながら金魚の場合は多くの熱帯魚などと大きく違うのは、一度に大量に殖えること、その全てが同じものにはならない、ということです。

つまり、親と同等のものを得るには何百何千という稚魚を育てなければならず、それを育てるスペース、また飼いきれなくなった魚の受け入れ先などをあらかじめ考えておく必要もあります。

繁殖の条件

・生後1年以上経過した魚（中には生後半年で繁殖する場合も）。

・親魚が十分な栄養状態であること。ただし脂肪過多は繁殖能力が抑制される。

・成熟したオスとメス各1匹以上。できればオスは複数の方がより活発に繁殖に至りやすい。

・水温15℃以上からの水温の急上昇により繁殖行動は誘発される。

・水換えによる刺激。硬水から軟水への変化が繁殖行動を誘発する。

・水草や市販の産卵床など体を擦りつけるものがあること。

・同居の異種の魚がいない、あるいは少なく、ストレスのない静かな環境であること。

このような条件となるのは、やはり屋外では春の3～5月の晴天の早朝です。しかし、稀に秋に産卵する場合もあります。室内の水槽で繁殖行動が起きにくいのは冬眠しないためだと思われていましたが、そうではなく、急激な水温上昇が起きにくいためではないかと考えられています。産卵させたい日の早朝に2～3℃サーモスタットの設定を上げると有効です。

金魚の性の不思議

流通している金魚は一度に何万匹も生まれるわけですし、フナ属の中には日本のギンブナのように雌性発生、つまり同種のオスが不要で他種の精子で発生が誘発されるようなものも存在します。

極めていい加減なヤツら（金魚には失礼ながら）なのだと思わざるを得ません。長く付き合っていると何万の中には中性っぽいオス、昨年はメスだったはずなのにオスになっちゃった性転換魚、オスの影響がまったく見られないメスそっくりの稚魚。二重卵胞を産むメスなど話題はつきません。

水産学の世界ではフナ属は開けちゃいけない禁断の世界なのだそうです。

雌雄の見分け方

全然産まない、産んでもふ化しなかった、という場合は、オスあるいはメスだけのことが案外多いものです。肛門の形による判別は慣れないとわかりにくく、不正確な場合もあります。

金魚の場合は繁殖期になると雌雄の差がより明確になりますが、それ以外の時期は性差により微妙に体型の違いがあるので参考にしてください。あまりにも魚形の似たものを選ぶと雌雄の偏りがひどくなります。この点については左の表にまとめたのでご覧ください。

実践的な二次性徴による雌雄鑑別表

オスの特徴	メスの特徴
頭が大きく、体が長細い	頭が小さく、腹が丸い
成長はやや遅く、締まった傾向	成長が速く、大きくなりやすい
尾が長い	尾が比較的短い
胸ビレが長く、角張る	胸ビレは短く、丸い
色が鮮明	色はやや薄い
キャリコ系の品種では浅葱色が出やすい	浅葱色は出にくい
肉瘤が発達、特に目先が発達	肉瘤の発達はやや悪い
頭部が白の場合にはそこが黄色くなるものが多い（黄頭）	黄頭にはならない
胸ビレ前縁、エラ蓋に追い星（繁殖期に著しい）	追い星は（ほとんど）ない

花房のオス（下）とメス

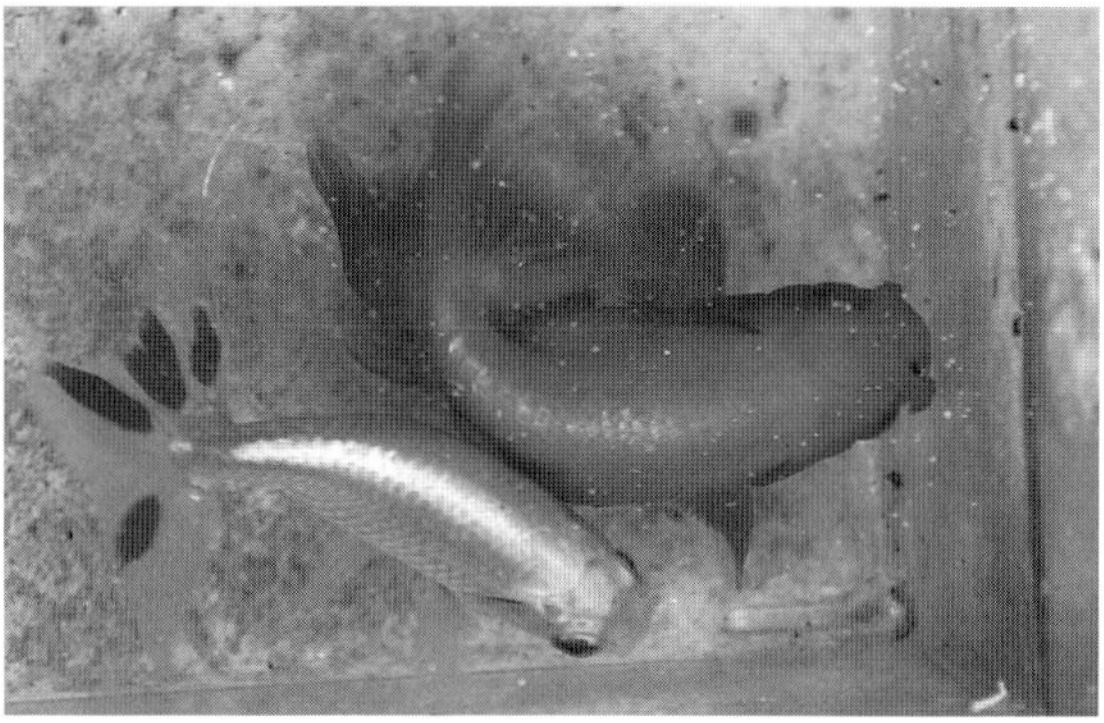

特に、冬に脂肪がそげ落ちるとオスとメスの体型の違いは一目瞭然になります。メスは太く丸く、オスは細長く見えます

また、品種により、以下のような違いもあります。この点も参考にしてください。

●オス型の品種
（良魚にオスが多くなる品種）

・オランダ獅子頭（長手タイプ）
・東錦（関東型）
・京都型ランチュウ
・地金（六鱗タイプ）

●メス型の品種
（良魚にメスが多くなる品種）

・琉金
・ナンキン
・土佐錦
・オランダ獅子頭（丸手）
・ジャンボ獅子頭
・ランチュウ
・地金

産卵しない場合の対処

産卵槽に入れても1週間以上産卵しない場合は、

・水を換えてコケをきれいに取る。
・オスメスのどちらか、あるいは両方を代える。
・一日オスメスを分けて仕切り直しする。
・天候の回復（水温上昇）を待つ。
・異質の餌を与える（新鮮な生き餌が有効）。

産卵後の処置

●親魚のケア

・ほとんどが早朝に産卵するので午前中には親を取り出す（健康なメスなら産み残しの卵は自然排卵して自分で食べてしまいます）。
・オスメスは別水槽に収容し、休ませる。
・静かな環境で翌々日くらいから徐々に餌を与えるが控えめに。
・少なくとも1週間は他の魚と一緒にしない。
・1ヵ月あければ1シーズン2～3回の産卵は可能（ですが魚体にかなり負担になるので年1回がベスト）。

●受精卵の管理

・産卵水槽でふ化させる場合は半分ないしは2／3程度新しい水に入れ換える。
・ふ化水槽は卵の量にあった適度な広さが必要。広さを具体的に記すと（受精率にもよるので難しい問題ですが）、卵も呼吸しているので浅め（10～20㌢）の容器に収容し、密度が濃くならないように。大きめのメスでは1万粒は産むため、できれば60㌢水槽2つ以上に分けます。ふ化した稚魚の密度が濃すぎる場合（1平方㌢に1匹以上）、密度を下げないと酸素欠乏で全滅ということもあります。広すぎるとふ化当初なかなか餌にありつけず、成長が遅くなります。
・卵の付着した水草、産卵床ごと新しい水槽に入れることもある。
・スネール（巻貝）、ヤゴなどの昆虫は取り除く（水草に付着して侵入しやすい）。
・卵が重ならなり合わないように調整する。
・エア、フィルターは止める。
・加温して産卵させた場合は水温を15℃程度に保つ。

なお、卵の薬液消毒は一般的には不要と考えます。多くの飼育書にあるマラカイトグリーンは発がん性の強いもので入手困難ですし、取り扱いに危険をともないます。消毒しなかったからといって無性卵のカビが有精卵にまで伝染して全滅するというのは通常の水質なら考えにくいからです。

また、ふ化までの時間は水温によって大きく異なります。多くは6日前後、高温では3日くらいでふ化することもありますが、その場合原始型の魚（フナ尾）が多くなると言われています。またあまりの低温（10℃以下）は卵の状態で死んでしまうこともあります。ヒーターで加温するのもいいですが、卵のうちから過保護にすると稚魚の体質は弱くなります。

慣れてくると自分の育てられる量がわかってくるものですが、少しに見えてもお

追い星の効能

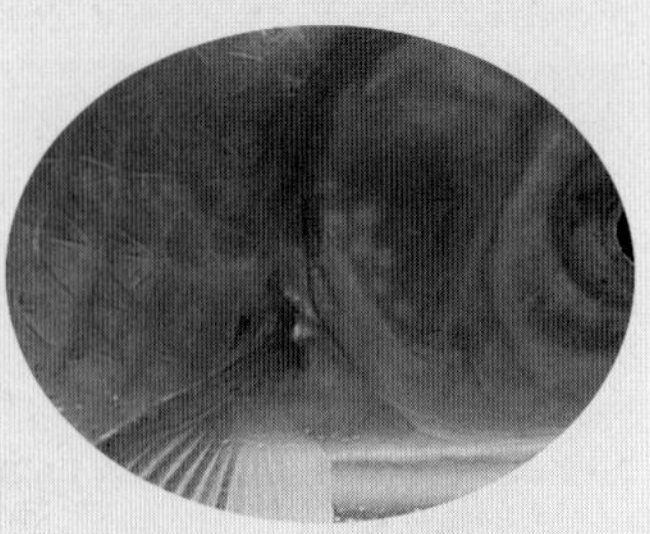

オスの繁殖期に見られる追い星は2次性徴のわかりにくい金魚で唯一の特徴ともいえます。

触ってみるとかなり固くごつごつしています。これによってメスの生殖孔付近を刺激し、産卵を誘発するのだと考えられます。追い星の顕著なオスほど活力があってやる気ばりばりで、猛々しく、一方追い星の少ないオスは元気がないものです。

この違いは産卵誘発や卵の受精率に大きく影響します。メスよりはオスの能力の違いが自然産卵の場合はカギになります。

金魚の繁殖

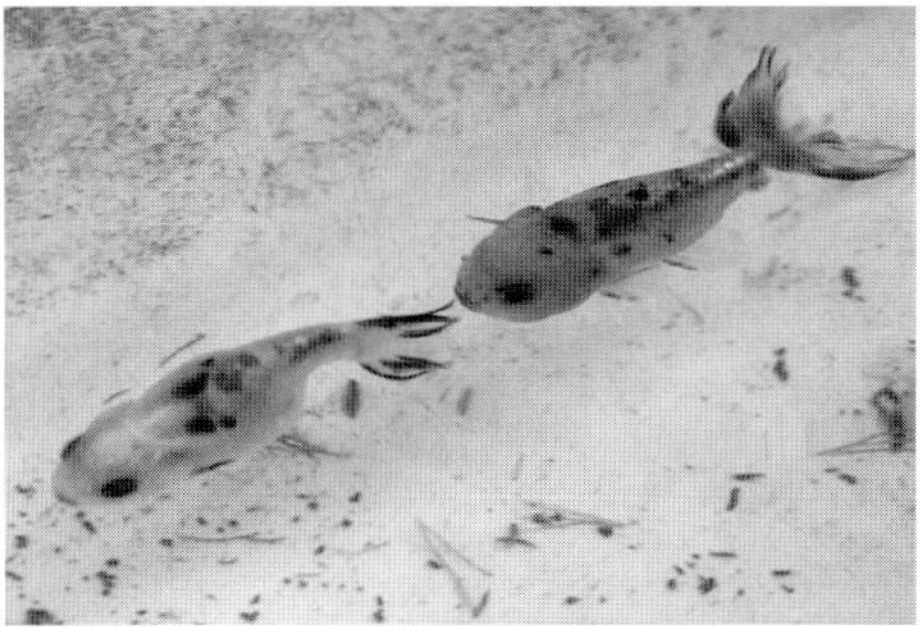

1 繁殖の時期になると、オスがメスを追いまわします。これを追尾（ついび）といいます

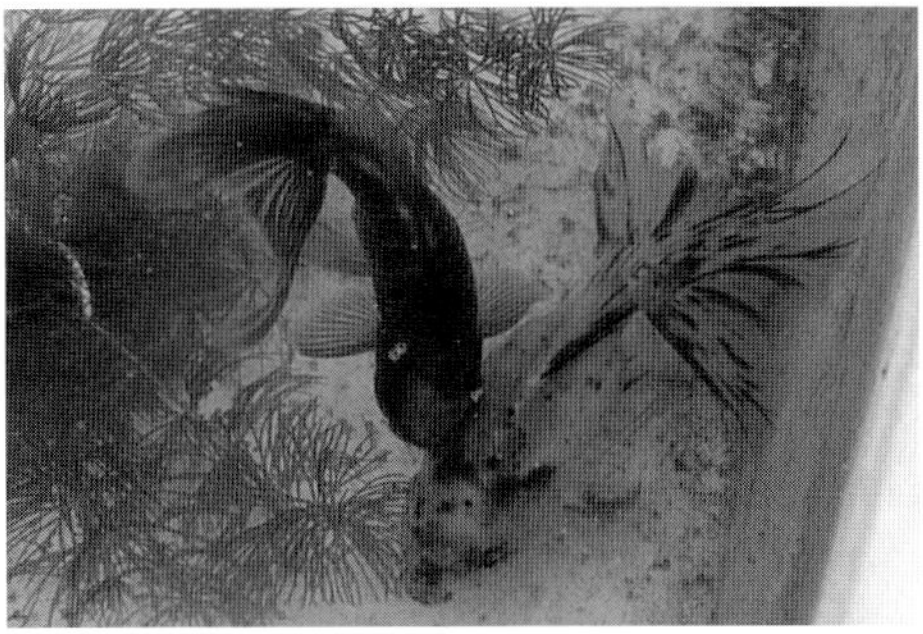

2 オスは追星のある部位（胸ビレの親骨やエラ蓋）をメスの腹部に押し付けるようにして、産卵を促します

3 産卵。オスは産卵床（ここでは水草）にメスを追い込むようにします。メスはそこでばら撒くようにして卵を産み、そのすぐあとにオスが放精します

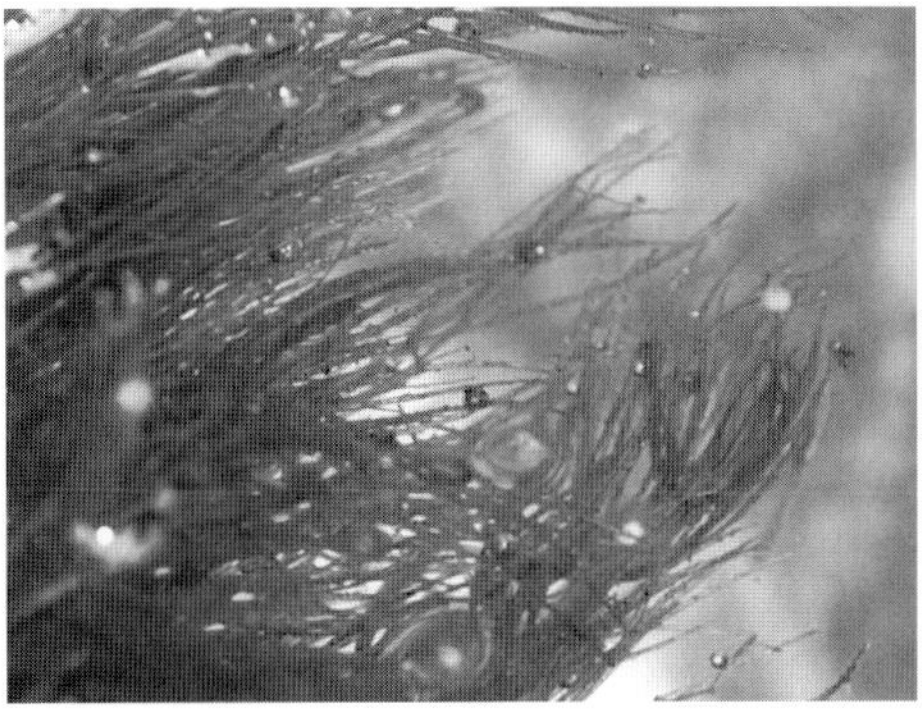

4 受精卵。卵は粘着性があり、水草などにくっつきます。しばらくしてふ化します

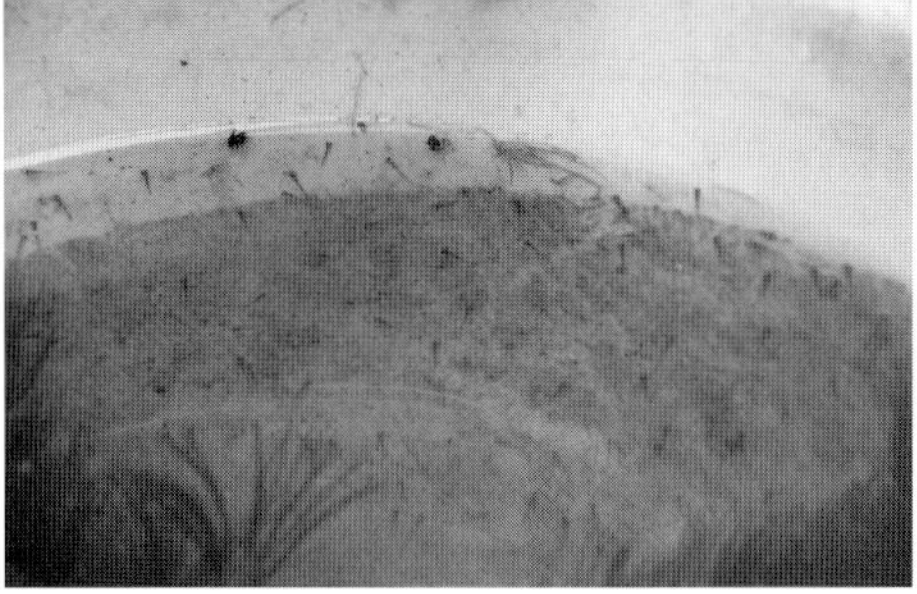

5 ふ化直後の稚魚。しばらくは動かずに餌も食べずにじっとしています

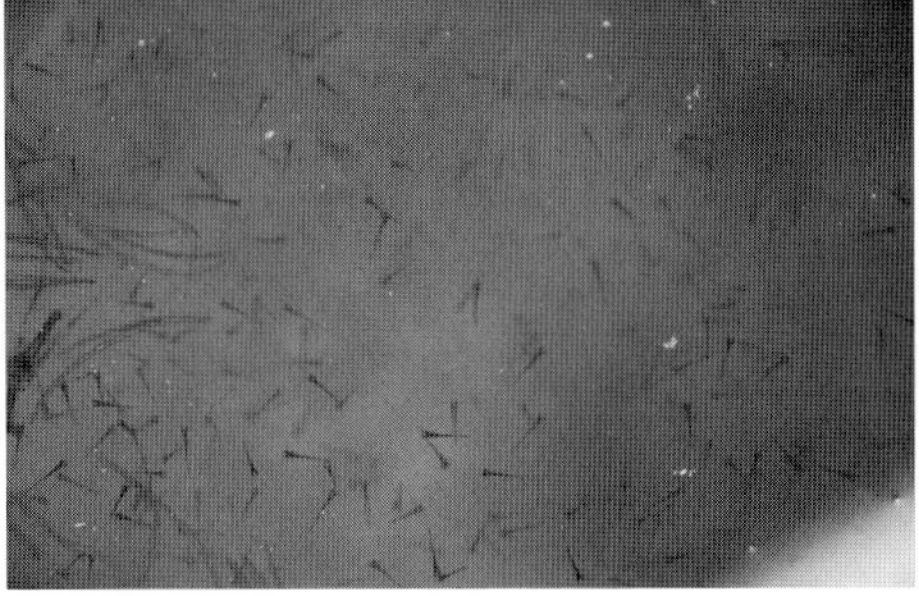

6 泳ぎだした稚魚。まだまだ親魚の特徴は現れていません。餌も食べ始めどんどん大きくなっていきます

びただしい量の稚魚が育ってくるものです。あまり卵がたくさん採れた場合はふ化の前に判断して親の餌にするなどがよいと思われます。残酷ですが、稚魚が多すぎて全滅させることが多いのです。

最初は特に欲張らないことが成功の秘訣です。

ふ化後の育て方

● ふ化から1～2週間

毎日卵をチェックして、死んでいないだろうか、発眼したかどうか、受精率はどうかなどと待っている期間もなかなかいいものです。

ふ化後24時間は水草や壁面にじっとしていて心配になりますが、卵黄の栄養がまだ残っていて重くて泳げないのです。

水温によっても異なりますが、おおむね24時間後には水面付近を泳ぐようになります。餌はこのように泳ぐようになってから与えます。

餌はふ化したてのブラインシュリンプ、あるいは市販の稚魚用の微粉末のものをごく少量与えます。ふ化初期においてはこれらを食べるというよりも、ふ化前に水槽内に発生したプランクトンを食べているようにも見えます。完全にブラインシュリンプを食べられるようになるのは2～3日かかります。この時期に餌を入れすぎて水を腐敗させてしまう方が多いのです。

ふ化までのゆりかごになっていた水草や産卵ネットは静かに取り出します。この時期の稚魚は上下に動くのが苦手なので、水深はできるだけ浅くした方が餌のロスが少ないです。残った餌の掃除にはレッドラムズホーンなどのスネールが優秀です。スネールは卵を食べてしまいますが、泳ぎ出した稚魚を食べることはありません。

春先の気温は安定せずに冷え込みがきつく、冷たい雨が降る日もあります。気圧が低く飼い主も元気が出ないような日は、餌は与えなくてよいです。魚も元気がないですし、雨の日は食べ残しの餌が見えにくいものです。ただし、大雨の日は稚魚水槽の水があふれないように水位を下げておきましょう。ふ化したての稚魚は遊泳力が弱く、溢れる水に乗って流れ出てしまいます。

餌が多すぎると水質悪化で絶滅することがあります。少ない場合は全滅の危険はなくなるものの、大小が顕著になります。

稚魚を育成していると、大小の差は開く一方で、ひどい場合には共食いが始まるので、飛びぬけて大きくなったものは早い段階で別にします。

● 1～2週間から1ヵ月

1～2週間もすると、小さいながらも尾がぱっと開いているのが確認できるようになります。この時期に水換えを兼ねて第1

人工授精

体外受精の金魚はメスのお腹をしぼって、オスの精子を降りかけるだけなので比較的簡単に行なうことができます。しかしその場合も自然産卵が十分可能で、今産もうか、という状態の親の場合のみが対象になります。土佐錦などではオスの追いこみが下手なのでよく行なわれるようです。

金魚はサケやマスに比べると魚体が小さいこと、親を殺すわけにはいかないことなど、十分注意して行なうことが大切です。

技術的には採卵した卵は水と混じると粘性が出て互いにくっついてしまうので、なるべく水に触れないで容器に取って受精させること。オスの精液を生食水などで薄めて使用すると万遍なくいきわたらせることができます。

受精後はふ化水槽に重ならないようにただちに振りまいておきましょう。

回目の水換えをします。カップなどでそーっと水を掬い出しますが、半分くらいまで水を捨てるのにも稚魚が入り込んで困る場合は明らかに過密です。

　この段階で思い切って密度を下げるとあとの管理が楽になりますし、成長速度がぐんと上がります。この時期は水槽がいくつでもほしいと思います。エアレーションの水流にも巻き込まれてしまうのでほとんど止水で大丈夫です。

　稚魚のチェックポイントは尾がぱっと開いているか、だけしかわかりません。つまりフナ尾の品種はまだまったく判定ができないのです。

　さらに少しするとキャリコ体色の品種では真っ白の全透明鱗と黒い普通鱗、グレーないし青っぽいモザイク透明鱗の判別がつくようになります。

　1ヵ月ほどで背ビレが確認できるようになると、ランチュウ型の品種ではそれも区別していきます。

● 2〜3ヵ月

　品種や系統によっても異なりますが2〜3ヵ月すると黒っぽい稚魚は腹部から色変わりが始まります。パール鱗や出目、水泡など各品種の特徴が現れてきます。肉瘤や花房の発現はさらに遅くなります。

　この時期は餌をやればやっただけ食べ、水を換えるごとに成長するのがわかり、非常に楽しく、かわいいものです。

　余分な魚はほしい人に分けてあげましょう。魚の密度をどんどん薄くするほど早く立派に育ちますが、欠点ばかり見て魚を選ぶと気付いたら進呈した人の魚の方がよかった、なんてこともよくあります。

　同じ兄弟でも、育て方によって全然違ってくるのにきっと驚くことでしょう。

　よく中国産の金魚は尾がしぼんでいると言われますが、日本では飼育場に余裕がなく、早期に数を絞らなくてはならないので厳格に早期に尾の形で選んでしまうためだと思われます。その反面中国の魚の方がより変わった形質、色彩の新品種が多く出現するのもそれと無関係ではなさそうです。

　最近ではネット販売も手軽に行なえるので、自家繁殖の金魚を販売する人も多くなりました。ただし、生物を扱うのは事故も多く、トラブルの原因にもなりやすいので初心者にはおすすめできません。不要になった魚を川や池などに放流するのも、自然のバランスを崩すので自粛しましょう。

後天的形質

　土佐錦の尾やランチュウなどの形や獅子頭（肉瘤）は遺伝によるもの以外に飼育環境によって作り出されるものだということが最近徐々に明らかになってきました。

　詳細は他の項でも述べましたが、金魚の姿は単なる遺伝によって決定されるのではなく、飼育法、餌によってかなり変化が出てくるのです。理想型に近付けるべく、餌の量を加減したり、水換えの頻度を調整したり、金魚は作りあげる部分も大きい魚なのです。

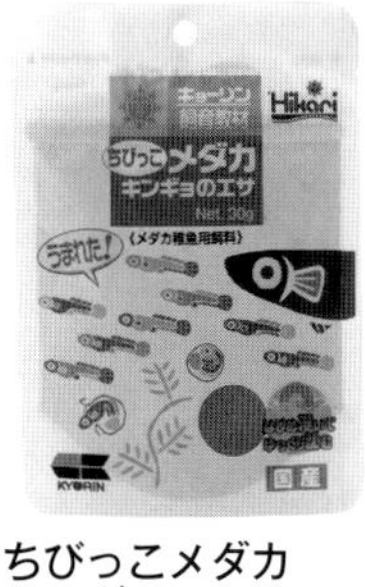

ちびっこメダカ キンギョのエサ
餌を食べ始めた稚魚に与えられる人工飼料。稚魚に必要な栄養素を含んでおり、これだけで育てられる（キョーリン）

クリーンベビー ブラインシュリンプ
餌を食べ始めた稚魚に与えられる冷凍飼料。栄養価の高いふ化したてのブラインシュリンプにビタミンが添加されている（キョーリン）

病気の予防と治療法

金魚は、はかない生き物でよく病気になるし、よく死にます。

「金魚を買ってもすぐ死んじゃうでしょ！」

よくお母さんが子どもに言ってきかせている場面に出会います。金魚には申しわけないけれど、金魚を死なせてしまうのも、小さな子どもにとっては貴重な体験です。

なんで病気になったんだろう？　とか、どうやって手当したら？　と〝命のはかなさ〟を体験する絶好の教材になります。

病気の原因と考えられるものを列挙してみました。

・餌の与えすぎによる水質悪化（餌の腐敗）。
・水換え不足による水質悪化（亜硝酸性窒素の増加）。
・外からの異物（農薬、殺虫剤、外装塗料、化粧品など）。
・外来病原菌（新しい魚の導入による）。
・魚自身の免疫力低下、体力不足。
・外傷。
・急激な環境変化（水質、水温、浸透圧、飼育水槽）。
・変性した餌による消化不良。

水中の金魚は実に危ういバランスの上で泳いでいるといえるでしょう。それが少しでも崩れると、昨日までモリモリと活気に満ちていたのに、はかなく浮きあがってしまいます。

完全な病的状態、左ページの図のような誰が見ても診断がつくような状態になったら、専門家でも治すことは難しい、と断言しておきます。金魚は言葉も鳴き声も発しない、熱を計ることもできないので発見が難しいのですが、病気にさせないのがポイントです。調子が崩れた、否それ以前に、崩れそうな時点で早めにその原因を取り去ることが重要です。

●早期発見のポイント（毎回の観察事項）

・群れて元気よく泳いでいるか（環境変化または感染症）。
・群れから外れた魚はいないか（体力低下）。
・餌を食べない（怯え、水温低下）。
・ヒレの荒れ、濁り、充血（水質悪化、感染症）。
・体を擦りつける（寄生虫、感染症）。
・体表の荒れ、充血（外傷、感染症）。

金魚病各論１
〜伝染性のもの〜

1. 細菌感染症（原虫なども含む）

白点病、白雲病、水カビ病、カラムナリス病（尾ぐされ病、口ぐされ病、マウスファンガス）、運動性エロモナス病（赤斑病、松かさ病、ポップアイ）……などさまざまの細菌、原虫が原因で体の各部に症状が現れます。代表的なものを表に記しましたが、同じ病原菌でも症状が違うこともあります。各々の鑑別がつくような状態になったら、もはや手遅れといえます。

金魚の病気いろいろ

白雲病

白い膜のようなものが体表を覆う

白点病

体表に白い点がつく

尾ぐされ病

各ヒレが溶ける

水カビ病

体表にカビがつく

転覆病

ひっくり返る

松かさ病

鱗が浮き上がる

ポップアイ

目が飛び出す

寄生虫

イカリムシ

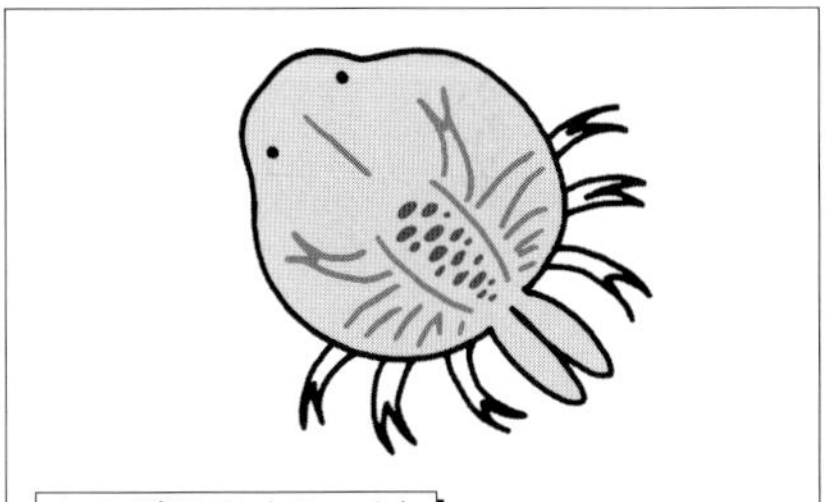

ウオジラミ（チョウ）

兆候が見えた時点で、まず水を換え、水槽を清潔にして0・5㌫の塩水浴をします。可能であればヒーターを使用して20℃以上に加温し、新陳代謝を高めるのも有効です。1日経っても症状が好転しないようなら、感染症治療薬（市販の魚病薬はグリーンFクリア、ハイトロピカル、パラザンDなど）を投入します。

食欲があれば餌は少量ずつ与えてもかまいません。薬は徐々に分解されて効力がなくなるので、3～4日たったら水を換えて補充します。同じ薬で変わりがなければ別のものに代えてみるのも一法です。

魚病薬は比較的長く販売されているものが多く、近頃は耐性菌も出現している可能性があるからです。なお、薬は魚にとっても毒物であることに変わりありません。投与翌日に死亡することもあります。

2．寄生虫

ウオジラミ（チョウ）、イカリムシは成虫は体表に付着します。やはり体力のない魚にまず付くことが多いようです。体長5㍉以上あるので肉眼でも容易に確認できます。これらがついていても初期は魚が弱ることもないのですが、気分のいいものではありません。また放置すると大量に増殖します。

寄生虫には専門の薬（トロピカルN、マゾテン20、リフィッシュ）に著効があります。ほとんど副作用もなく耐性もないようです。ただしこれらの寄生虫の卵の時期には効果がないので、1～2週間おいて2～3回薬を使うと根絶できます。

イカリムシは死んでも魚体に残りますが、ピンセットで簡単に除去できます。生きているうちはイカリムシ、ウオジラミとも簡単には取れず魚体を傷めることが多いです。

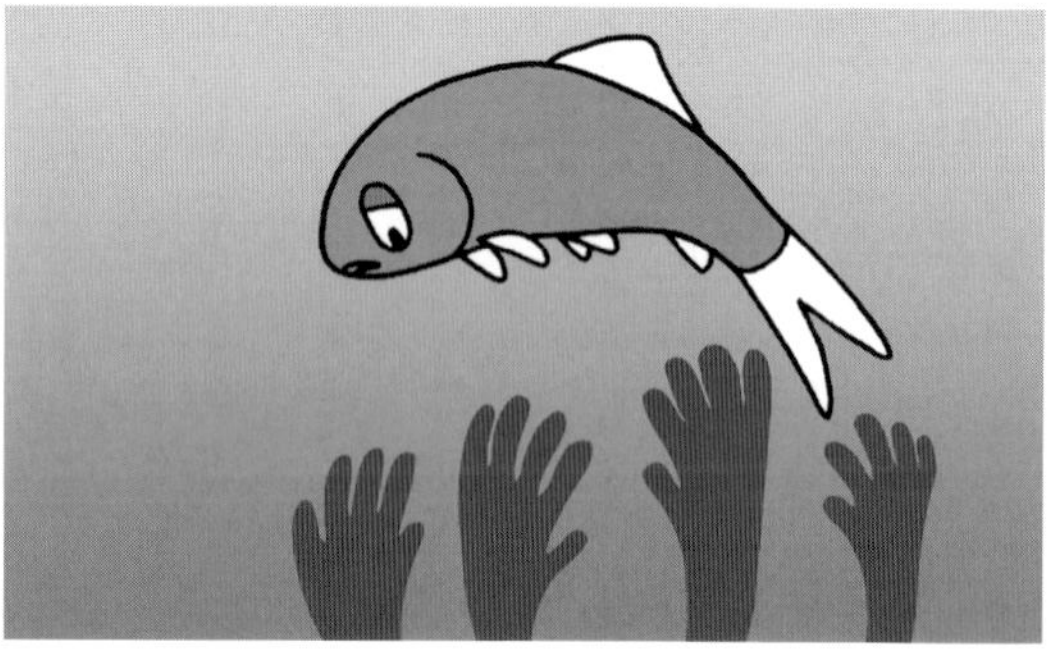

病気の主な原因　・水質悪化　・魚の体力低下　・病原菌…など

3．ウィルス疾患

（仮称　金魚ヘルペス）

SVC（鯉の春ウィルス）は金魚にも報告があるので、発症報告があると輸入禁止になるなど厳重に管理されています。KHV（コイヘルペス）は金魚には感染しないといわれていますが、日本中の河川や湖の食用ゴイ、錦鯉に甚大な被害を与えました。金魚ヘルペスと言われているのはこれらと同様な症状、つまり目立った病巣もなく突然大量死する、死亡魚のエラは真っ白である、などつかみどころのない症状なのです。春先、晩秋に流行します。

魚の移動によって感染する、魚によっては免疫がある魚がいてキャリア（保菌者）となって感染を拡げる、細菌感染症の薬が効かないなど、状況証拠からウィルスが疑われています。

ただし、その同定は困難を極めます。タイミング良く検査機関に持ち込まなくては

魚病薬

ニューグリーンF
白点病、水生菌症、尾ぐされ症状、スレ傷、並びに細菌感染症の治療と予防に

グリーンFゴールド顆粒
細菌感染症（皮膚炎、尾ぐされ病等）の治療に

観パラD
細菌感染症（穴あき病）の治療に

リフィッシュ
ウオジラミ、イカリムシの駆除並びに細菌感染症の治療に。28℃以上やペーハー8以上では使用不可。その他の薬品も添付の説明書をよく読んで使用すること

協力／日本動物薬品

ならず、それなりの費用もかかるし、同定したとしても魚はもう死んでいる、という悲劇が多いものです。

魚によっては2次感染で細菌感染の症状をきたすこともありますが、通常はそうなる前に死亡します。

金魚の抗ウイルス薬やワクチンは市販されていませんので、安静、0・5パーセント塩水浴、加温療法（30℃以上の高温説と20℃以下の低温説がある）、二次感染予防の魚病薬投与などが主な対策です。

それ以前に魚の不用意な流入、品評会などでの不特定多数の魚との接触、免疫力低下を未然に防ぐことが重要です。

幸いにして金魚の方に耐性がついたのかウィルスが弱毒化したのか、数年前ほど勢いがなくなってきたようですが、何年かに一度流行する時があります。

金魚病各論2 ～非伝染性のもの（うつらないもの）～

1. 転覆（病）

初心者の質問で断然多いのがお腹を上にしてひっくり返ってしまう、この転覆（病）に関する質問です。

この状態になっても弱っているわけではなく、餌もよく食べます。したがってこれは病気というよりは過度の肥満です。他の魚種ではまず見られない、金魚に特有なものです。

丸型金魚では脊椎が曲がっていることが多く（側線を見ればわかる）、さらに腹部に脂肪がたくさんついています（メタボ状態）。そこに消化不良で腸内にガスが充満したりすると、バランスを崩してひっくり返ってしまうのです。冬場に起きやすいのも消化機能が弱っていること、運動量が少なくなることなどからも納得できます。

また初心者はフレーク状の餌を使用することが多いようですが、フレークフードは嗜好性が高く、使いやすい半面、たくさんの量を摂るには水面で必要以上に口を動かさなくてはならず、結果として一緒に空気を取り込んでしまうことも関係がありそうです。

丸い体型の品種（琉金、ピンポンパール、丸手オランダなど）では体長と体高の比は1：1が限界でそれよりも体高が高くなる（＝腹が下方に張る）とほとんどひっくり

返ります。

また尾の形も体に水平に真横に開いているもの（平付けといいます）ほど転覆しやすいのです。

餌を食べた後に浮き枕みを繰り返したり、頭を下にして水面に浮かんでいたりするのは転覆の前兆です。この時点で思い切って1週間ほど絶食させてください。

あるいは水草、浮草のみを与えます。植物性の人工飼料にしても、銘柄によっては蛋白質が多く含まれるので、不適当です。また20℃くらいに加温して運動を促進します。完全にひっくり返ってからでは回復はかなり困難になります。

2. ガス病

夏場の暑い昼間に屋外の青水の濃い池で起こります。尾ビレの中に空気が溜まってしまい魚が水面に浮きあがります。これは青水のプランクトンが発した豊富な酸素を魚が取り込み、末梢の尾の軟条で膨張して詰まったもの、と考えられます。尾が長い品種や循環が悪化している高齢の魚に多く見られます。

発見が早ければ差し水して水温を2～3℃下げたり、水を換えたりするとよくなります。重症化すると尾がずたずたに切れたりしますが、致命的になることは少ないです。

尾の短い品種（ランチュウなど）ではほとんど問題なく回復します。

3. 松かさ病（立鱗病）

全身の鱗が逆立って松かさのようになります。運動性エロモナス病（伝染する細菌性の病気）が原因のこともありますが、その他にも原因はいろいろあるようで、この症状がある金魚がいたからといって、必ずしも伝染するわけではありません。内臓系の異常も考えられ、人用の整腸剤（ビオフェルミン、エビオス、ミヤリ散など）の経口摂取（餌として与える）で一時的に治ることもありますが、通常は難治性です。群れの全てが罹るわけではないので、やはり体力低下も一因なのでしょう。

かつて民間療法としてココアを入れるというのがネット上で話題になったことがありました。ココア（原末、脱脂したもの、ミルクや砂糖入りは不可）は、植物性の高蛋白低脂肪のものですから、金魚は非常に好んで食べます。一時的に元気が良くなる、栄養回復することによるもので根本療法とは言えないでしょう。また、ポップアイといわれる眼の突出を伴う病状を併発することもあります。

0.5%の根拠

病気の時の塩水浴の基準としていつの頃からか、0.5%が定説になってきました。ヒトの浸透圧は0.9%、金魚の場合は0.5%から1%といわれています。魚病薬にも食塩が入っていますし、また通常の飼育水には無機塩類が含有されているので、それらを補正して無難な値が0.5%の根拠になっているのだと思われます。体表内外の浸透圧差をなくして、魚にストレスを与えないようにしているのです。海の魚は病気になると淡水が湧き出しているところや深海に潜って自分で治療するのだそうです。浸透圧の増減による治療法というのも今後は研究してみる価値がありそうです。

観賞魚用の塩も売られている

4. 腸満（腸閉塞、卵管閉塞）

丸型金魚ではわかりにくいのですが、異常に腹部が膨らんでくるものです。日に日に腹が膨らんできます。これは腸管あるいは卵管が詰まったものと考えられます。

処置としては腹部の物理的マッサージや腸が詰まっているなら前項で述べた整腸剤の投与（餌として与える）が有効なことがあります。

卵の詰まりはマッサージにより排出されることもありますが、卵巣内で過熟卵となっている場合は難治性です。

5. 外傷

網で掬うだけでも小さな傷はできている、というのは述べましたが、誤って鱗を剥いでしまったり、尾を傷つけてしまった場合、清潔な水（できれば0・5パーセント食塩水）で養生すれば自然治癒します。心配なら消毒効果のある薬剤（グリーンFゴールド、エルバージュなど）を使用します。

水泡眼の破れは見ていて痛々しいですが魚自身はそれほど苦痛ではないようです。傷の程度によっては再び大きくなってきますが、一方が破れると大きさが他方に追いつくことはありません。

それよりも頂天眼、出目金の眼ははるかにデリケートで、眼の結膜の傷は非常に治りにくく、そこから感染が起きやすいです。またよく発達した肉瘤も非常に柔らかく傷つきやすいので、取り扱いには特に注意が必要です。

6. 白内障？

眼の角膜（黒目の表面）部分に白い膜が覆ってしまうものです。やはりバクテリアの付着と考えられるのですが、薬剤によっても除去はかなり難しいものです。特に出目金に多く、また高齢魚に多いことから白内障の一種とも考えられます。研究の余地がありそうです。

7. 黒ソブ

冬眠明けの金魚のヒレ先や鱗が黒くなっていることがあります。これを（黒）ソブというのだと先人に教えてもらいました。いわゆる凍傷のあとの組織が再生してきたもの、と考えられます。暖かくなってくるとこの部分は再び色が抜けて周囲と区別がつかなくなります。

8. 脂肪粒

肉瘤の発達した品種では、冬季に追い星のような白点が肉瘤の間から糸のように出ていることがあります。これはニキビのようなものと考えられていて、病気ではありません。多くは温度が高くなると消失します。

金魚の病院

金魚が病気になったら？　本や最近はWEB検索が多いのかもしれません。獣医師に診てもらう人は稀で、現に金魚や魚を診察できる獣医師もごくわずかでしょう。

水族館や水産試験場、水産大学関係の専門家は展示会などで相談を受け付けている場合もありますが、通常はそれぞれの業務に忙しいものです。

ほとんどはショップで店員さんに聴いて魚病薬を購入するというのが一般的でしょう。ただし、熱帯魚、海水魚、昆虫、爬虫類などすべてのペットを扱っているところではその全てに精通しているか、は疑問です。また相談が専門業務ではないので手短かにすることです。

金魚や熱帯魚の入院施設あるいはホスピスのようなものができればいいと思っているのですが、叶わぬ夢でしょう。

金魚の歴史

金魚は中国に生まれ、中国とその周辺諸国で主に愛好されてきました。長い年月の中でも急激に進化発展する時期があったようです。まさに生物の進化は変わるべき時に一斉に急激に変わる、ということでしょうか。

1 中国

晋代

3～4世紀ごろに金鯽魚、赤鱗魚が発見。これは現在でも野生生物からアルビノや白化個体がみつかるのと同じと考えられます。中国では紀元前から淡水魚の粗放的養殖が行なわれていたことが知られていますので、このような魚は大切に飼育され繁殖されたと考えられます。その後12世紀の宋代にはフナ型黄金色の魚が固定されました（火魚、錦魚）。

元代

14世紀頃から体色の変化。赤白、黒白、白など出現。

明代

16世紀中期。骨格に変化。文魚、蛋魚、竜睛の出現。尾が2枚になる変異は極めて画期的で他の魚種を見渡してもあまり見られないものです。ほとんど同じ時期に琉金（文魚）とランチュウ（蛋魚）と出目金（龍睛）が出現したのは興味深いところです。またこの時代には猩々（朱砂魚）と素赤（金鯽）をはっきりと区別しています。

清代

18～19世紀初頭。獅子頭、水泡眼、頂天、珍珠などの宮廷金魚の作出固定。これらの時代に何があったのか天才がいたのか、ものすごく金魚が流行したのか、今後もう少し掘り下げる必要があるでしょう。

その後中国史の大きな変革の中でこれら宮廷金魚は不遇の時代になり、北京動物園などで細々と維持されていたようです。

2 日本国内の歴史

１５０２年（文亀2年）に堺に上陸したのが正式な記録の第1号です。その頃日本は戦乱期なので定着したわけではなかったようです。

江戸時代文化文政の頃に金魚も大ブームが起こりました。ギヤマン（ガラス容器）に金魚を入れたりして、粋でいなせなものでした。この頃には琉金、マルコ（ランチュウの祖先型）が錦絵に登場します。

幕末になると金魚会せ（品評会）が行なわれるようになりました。この時代朝顔、椿、万年青《おもと》など園芸植物花盛りで、それらの競技会では相撲の番付形式にするのが定番でした。

１８６２年（文久2年）の大阪ランチュウの番付が残っています。色模様の良しあしを番付にしたものです。決して1位からのランキングではないのが含蓄あるところです。この形式はランチュウの品評会に今も受け継がれています。

今のランチュウは１８７１（明治4年）に品評会の記録があります。今も続く観魚会は１８８５年（明治18）年から開催されました。

他の品種では大和郡山の金魚祭りは１９０７年（明治40年）から連綿と行なわ

れています。また地金も1875年（明治8）年に記録があります。

　第2次世界大戦で日本国内に継続されていた金魚は大きいダメージを受け、この間に絶滅した品種も数多くあります。大阪ランチュウ、津軽錦その他にも各地に残っていた系統が失われました。東京では新宿御苑に池を作って保護していたほどです。

　戦後金魚史の中で大きいのは1958年（昭和33年）に中国から宮廷金魚の子孫がまとまって輸入されたことです。散逸しかかっていた中国金魚に手を差し伸べるとともに、これらの繁殖普及によって国内の金魚熱が高ま

松井佳一博士の膨大な書庫欣魚荘文庫の壁に掛けられていたという画。何を思いながら眺めていらしたことでしょう

明治時代は国費で金魚の育種研究がされていました。重要な輸出産業のひとつであったのです（秋山吉五郎伝より）

1909年発行の洋書に登場する大和郡山の金魚販売風景（JAPNESE GOLDFISHより）

明治の金魚選別風景。家族総出で作業しています。現在とさほど変わらないかもしれません（JAPANESE　GOLDFISHより）

観賞魚フェアの前身の江戸川特産金魚品評会。魚種はおなじみですが、魚はやや原始型（フィッシュライフ1969年7月号より）

昭和40年代の江戸川の金魚養魚場直売場。1万坪の養魚池を持ち、はとバスツアーも立ち寄ったほどだった（著者撮影）

り、水槽の普及とともに新しい金魚の楽しみ方が出てきました。

その流れの中で琉金や和金、出目金なども含めた総合の品評会が盛んになったのはむしろ比較的新しく、大きなものは１９７０年（昭和45年）前後からのようです。全国金魚品評会（東京中心）を始め静岡県（１９７０）や愛知県（１９９３）でもどんな品種も観賞する品評会ができてきました（全国金魚品評会は１９７８年（昭和53年）から観賞魚フェアの中で開催）。

その後熱帯魚に押されて低迷していた金魚の人気が復活してきたのは、２００２年頃からです。金魚伝来５００年で広報活動が行なわれたこと、インターネットの普及で稀少金魚の愛好家が情報交換できるようになったこと、宅配便の普及により稀少金魚が直接取引されるようになったことなどが要因でしょう。

金魚を飼い、楽しむのは現在はたやすいことのように思えますが、まず第一に自分自身が健康で、家庭が円満で、経済的にもある程度余裕があり、気候が温暖で、社会が平和でないとなかなか継続が難しい、というのが歴史から見えてきます。

金魚の遺伝

流通している金魚は品種と称してはいますが、その固定度は様々でそれぞれの形質が安定しているとは限りません。

フナ型→開き尾化→和金→短胴化→琉金…のようにひとつひとつの遺伝子が積み重なっていろいろな品種が成立したと考えられます。あとに獲得した形質ほど不安定で後戻りしやすく、どんな品種からでもいまだにフナ型の一枚尾が生まれるほどです。

体型に比べ体色の遺伝はわかりやすく、交配によって優劣（顕潜）関係は明らかになってきています。

下図の矢印ごとにひとつの遺伝子が関係していると考えられます。

付属器官の出目、水泡、パール鱗、マキエラに関してもひとつの遺伝子による劣性遺伝と考えられます。

モザイク透明鱗は全透明鱗の不完全優性型の表現になります。それに対し紅葉と言われる新しい透明鱗は普通鱗に対し完全劣性（潜性）のタイプです。

花房、長尾は優性（顕性）の遺伝子と考えられます。

少し高度になってしまいました。

金魚の遺伝はいろいろな条件が絡み合っていて少々わかりにくく、時間もかかるので、簡単に小規模に飼育でき、よく解明されているグッピーから始められることをおすすめします。

体色の進化図

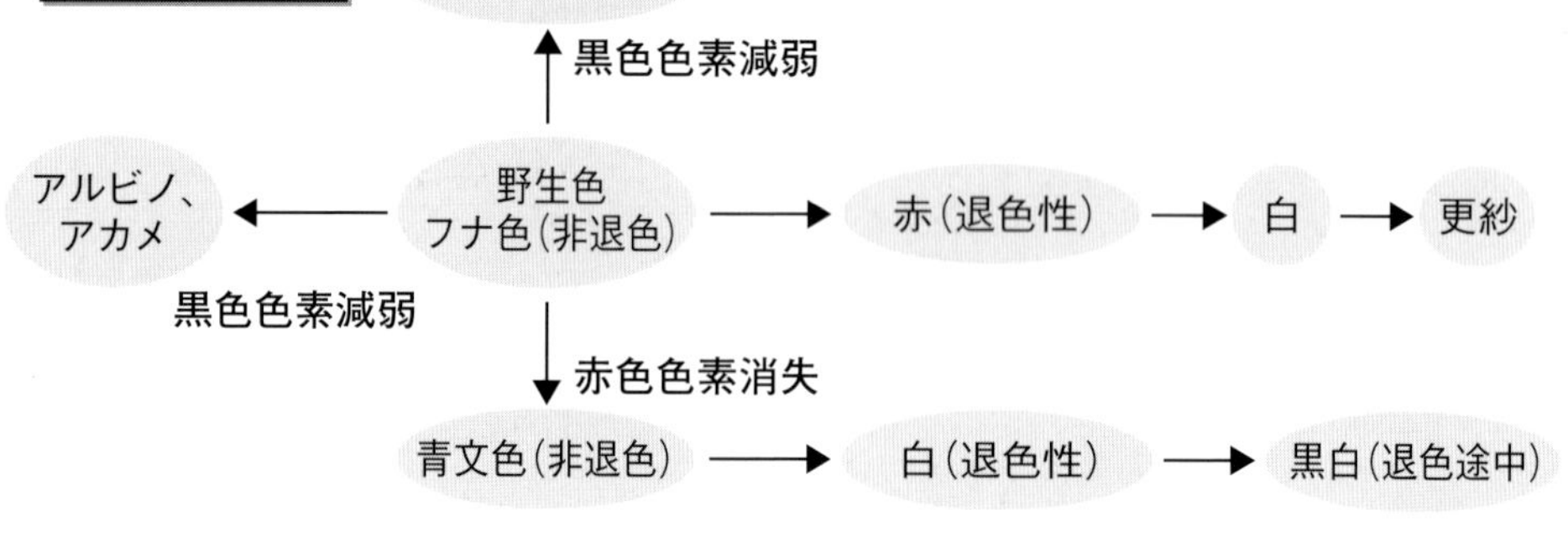

あとがき

10代の頃に繰り返し読んだ本で、その人の人生は左右されるそうです。筆者は金魚大鑑、金魚百科、グッピー百科、小説メダカ館で育ってしまいました（笑）。

これらの本の端々には魚に対する思いが詰まっていて、時を超えて師匠たちと話しているような気がしました。この本も後になってそういう人が出ることを願って作りました。

本書刊行にあたっては月刊アクアライフ編集長の山口正吾氏が細かくあたたかく面倒を見てくださいました。橋本直之氏、佐藤昭広氏にはいつも撮影現場で言いたい放題ですが、笑って許していただいております。御礼は言い尽くせないほどです。今後ともよろしくお願いいたします。

金魚は時間的、経済的、空間的、家庭的、健康的、地理的、環境的、気候風土的にある程度余裕があって、なおかつ社会が安定して世界が平和でないと十分楽しめないものだとつくづく思っています。

そういう状況を作ってくださっているすべての人々に感謝いたします。

平成30年6月

金魚、グッピーが次の世代にも愛され続けることを祈って

杉野裕志

協力（敬称略）

荒内輝義、安藤滋規、五十嵐敏浩、伊藤 桂、岩澤昭博、宇野　隆、えれ。、大井捷次、大竹泰輔、大野 賢、大森雄太、岡田孝光、小川秀樹、小川 誠、尾園 暁、小田義隆、梶山喜久、片岡晃大、片山洋志、加藤佑基、門脇 真、金指千紗、川澄太一、川田 潮、川田洋之助、木下尚司、木下正樹、木村誠吾、木村廣道、栗原雅也、鯉鯉、幸田文雄、後関節人、才上 誠、榊 誠司、里見晴美、皿井重典、師匠さん、清水徹二、志村 守、鈴木 詮、須原一雄、曽和 泉、高橋、徳永 馨、冨田武彦、中川元吉、中嶋秀喜、中村知之、八田利也、服部みどり、引間俊成、平尾國幸、深堀隆介、深見泰範、船井孝彦、古川幸一、古澤一政、文屋範久、堀池直樹、前田 通、槙 春奈、松井隆春、松本博幸、松本裕司、松好孝子、南岡純司、三宅ひよこ、森村敏樹、八木利之、山田綱哉、鷲津寿典

愛知県弥富金魚漁業協同組合、アクアマリンふくしま、アクアランド徳永、AQUA リサイクル、AQUA Ritz、いづもナンキン振興会、井ノ口養魚場（さがみ水産）、いまむら養魚場、王子工芸、大阪らんちゅう愛好会、大野養魚場、大森町水族館、おぎの養魚場、小野金魚園、斧田観賞魚センター、勝美商店、加美町鉄魚保存会、神畑養魚、川原養魚場、関東彩鱗会、関東土佐錦魚保存会、北川辺金魚園、木村養魚場、九州大金魚博覧会実行委員会、金魚坂、金魚専門店丸文、金魚専門店 カハラ、金魚の吉田、熊本県長洲町養魚組合、K&S アイランド、埼玉県食用魚生産組合、埼玉県養殖漁業協同組合、埼玉県養鱒協会、さがみ水産、佐々木養魚場、静岡県西部観賞魚組合、清水金魚、志村養魚場、ジャパンペットコミュニケーションズ、寿恵廣錦愛好会、鈴木養魚場、高澤養魚場、珍珠鱗倶楽部、東葛ペット まつど店、東京らんちう会、東京都淡水養殖漁業協同組合、土佐錦保存会、Tropical koi centre、NAM・JAPAN、奈良県郡山金魚漁業協同組合、日本インターネット金魚愛好会、日本観賞魚振興事業協同組合、日本観賞魚フェア実行委員会、日本金魚卸売市場、社団法人日本らんちう協会、東川養魚場、平賀養魚場、びれっじふぃーるど、フジワラペットファーム、ブリーディングハウス the なまず屋、フルタニ金魚倶楽部、ブルックスペット、ペットのデパート東葛・金魚部、穂竜愛好会、松井養魚場、松村観賞魚、マルウ、丸新養鯉場、丸富、村木養魚場（久場良悟）、弥富金魚漁業協同組合、やまと錦魚園、よこはま金魚、吉岡養魚場、吉野養魚場、四尾の地金保存会、ラピッドリ・ジャパン

著者略歴

杉野裕志

1962 年東京生まれ。幼少時より金魚、熱帯魚に親しみ愛好家一筋。金魚、グッピーに精通している。月刊アクアライフなどに執筆多数。1992 年ブルーグラスの不完全優性を提唱。グッピーの遺伝、新品種育成をライフワークにしている。メヒコココロンビア、カディナルグッピー等を作出。金魚の遺伝研究も 1990 年頃より着手。現在は花房、更紗オランダ、青系モザイク鱗、ドイツ鱗系金魚を育種中。

「かわいい金魚」（主著／エムピージェー）、「金魚のすべて」（共著／エムピージェー）、「金魚 80 品種カタログ」（主著／どうぶつ出版）、「中国金魚大鑑」「日本金魚大鑑」（ともにピーシーズ）などでも著作協力、「グッピーの軌跡」（エムピージェー）出版にも関与。

本業は歯科医師ということになっている。杉並区歯科医師会元理事、杉並区歯科保健医療センター医療連携推進本部委員、日本グッピー学会主幹、穂竜愛好会顧問。

※本書では主に、品種解説（P10-50、P52-88、P90-93）、金魚の系統、品種総覧（P94-99）、金魚の飼育（P118-137）、金魚の退色について（P138-139）、金魚の繁殖（P144-149）、病気と対処法（P150-155）、金魚の歴史（P156-158）を執筆。

参考文献

「JAPANESE GOLDFISH」HUGH M.SMITH W.F.ROBERT COMPANY 1909
「アサヒグラフ」1955，6.1 朝日新聞社　1955
「ランチュウと金魚」石川亀吉・新井邦夫　誠文堂新光社　1971
「中国金魚」傳毅遠・伍惠生　萬里出版　1987
「金魚飼育大全」吉田信行　日東書院　2009
「原色金魚図鑑」岡本信明・川田洋之助　池田書店　2011
「はじめて金魚と暮らす人の本」松沢陽士　Gakken 2011
「かわいい金魚」杉野裕志　エムピージェー　2012
「金魚のことば」岡本信明・川田洋之助　池田書店　2013
「金魚のはなし」吉田智子　洋泉社　2013
「金魚飼育ノート」金魚好き編集部　誠文堂新光社　2013
「ピンポンパールの育て方」川田潮・三宅ひよこ　エムピージェー　2013
「どんぶり金魚の楽しみ方」岡本信明・川田洋之助　池田書店　2014
「ときめく金魚図鑑」尾園暁　山と渓谷社　2017
「上から見る！風流に金魚を飼うための本」菊池洋明　秀和システム　2017
「月刊アクアライフ」エムピージェー　2012 ～ 2018
「きんぎょ生活 1 ～ 4」エムピージェー　2015 ～ 2018

編　集　山口正吾
撮　影　橋本直之（クレジットのある写真以外すべて）
取　材　月刊アクアライフ編集部
写真協力　阿久津淳子（J.A）、石渡俊晴（T.I）、いづもナンキン振興会（I.N.S）、大野成実（N.O）、大美賀隆（T.O）、川田洋之助（Y.K）、佐藤昭広（A.S）、杉野裕志（H.S）、土佐錦保存会（T.H）、丹羽隆治（R.N）、びれっじふぃーるど（V.F）、弥富金魚漁業協同組合（Y.K.G）
機材協力　キョーリン、ジェックス、水作、スペクトラム ブランズ ジャパン、日本動物薬品
イラスト　いずもり・よう
デザイン　スタジオ B4

きんぎょ飼育図鑑

2018 年 8 月 10 日　初版発行

発行人　石津恵造
発　行　株式会社エムピージェー
〒 221-0001
神奈川県横浜市神奈川区西寺尾 2 丁目 7 番 10 号
太南ビル 2 階
Tel 045-439-0160　FAX 045-439-0161
al@mpj-aqualife.co.jp
http://www.mpj-aqualife.com
印　刷　大日本印刷株式会社
ISBN 978-4-909701-09-1

本書についての感想をお寄せください。
http://www.mpj-aqualife.com/question_books.html

本書は 2012 年発行「かわいい金魚」を改訂したものです